产品手绘

CHANPIN SHOUHUI

（第2版）

吴继新　舒湘鄂 著

东南大学出版社

图书在版编目（CIP）数据

产品手绘/吴继新，舒湘鄂著. — 2版. —南京：
东南大学出版社，2013.9
ISBN 978-7-5641-4468-5

Ⅰ.产… Ⅱ.①吴…②舒… Ⅲ.产品设计—绘
画技法 Ⅳ.TB472

中国版本图书馆CIP数据核字（2013）第198397号

产品手绘（第2版）

出版发行	东南大学出版社	
社　　址	南京四牌楼 2 号	（邮编 210096）
出 版 人	江建中	
经　　销	江苏省新华书店	
印　　刷	南京精艺印刷有限公司	
开　　本	889 mm×1194 mm　1 / 16	
印　　张	8	
字　　数	205千字	
版　　次	2013年9月第2版	
印　　次	2013年9月第1次印刷	
书　　号	ISBN 978-7-5641-4468-5	
定　　价	52.00元	

第2版前言

　　产品手绘是工业设计专业（包括家具设计专业、灯具设计专业、珠宝首饰设计等产品设计专业）必修的重要基础课程。所谓必修，就不仅是要学而是要学会。所谓基础，更不能理解为"不重要"，而是非常重要！试想，一座高楼大厦没有扎实的基础，如何能够向上发展并且承受巨大的压力？恰恰在这一点上，不少设计院校的学生认识不足，往往比较轻视这一门课程，导致他们走上社会后在实际设计实践中明显地降低了设计力。

　　产品手绘不是简单的一张草图或者效果图。它承载的是一种传达使命，它要把设计师的理念、风格、意图、产品功用等信息用人人都看得懂的图形语言传达给观众（可能是设计主管或委托方）。因此，确切地讲，产品手绘是设计师的语言。从语言的角度讲，不仅要表达得清楚明了，还要表达得有感染力（艺术性），这种表达能力得经过专业的训练，并且养成经常练习的好习惯。久之，这种能力一定会给设计师带来意想不到的加分。

　　学习产品手绘的目标，不仅是能照着样子把一个现有的产品画下来，而且要达到把想象中（创意设计构思）的"未来产品"徒手正确地表达出来。只有做到这一点，才可以说你已经掌握了手绘技法。因此，在教学或自学中，都应当把默写能力的提高和实现作为最终目标，会临摹、会写生还不足以证明真正掌握了手绘技巧。

　　产品手绘随着时代的发展和工具材料的升级进步，技法上也会随之发生改变。但无论怎样变化，变得更加简单、方便、快速、效果更好是趋势。假如产品手绘需要极其复杂的工具、程序和花更多的时间才能完成，那就失去了实用意义。毕竟，设计的过程要远远比手绘更加艰辛和复杂，手绘只是设计师把设计过程中的某些阶段用图形快速地表现出来而已。记住，快速、简单、明了是产品手绘技法的核心，千万不能将产品手绘过度地理论化和复杂化。

　　本书的作者长期从事工业设计教育，并十分注重产品手绘能力的培养，同时努力随着科技、材料的发展变化，推进产品手绘技法的更新与发展。本书结合教学实践，提供了大量简捷快速表达的手绘技法图片和示范步骤，可作为设计院校教师和学生的教学指导书或参考教材。

著　者

2013年7月

目　录 MULU

第1章

概　述
GAISHU

　　产品手绘是设计初始阶段对有形产品的形象化的描述，简言之是产品外观的雏形，也可以理解为产品虚拟化的模型。所谓手绘是相对于计算机绘图，是设计师通过笔和纸这样的一般工具人工描绘产品的形象。通过所描绘的形象，手绘能基本表达出设计意图，表现出产品的形象、结构、机理，以及尺寸和使用方法。

　　产品手绘作为一种针对产品设计的特有表现方法，经过若干代设计师的努力研究和实践，逐步形成了自己的特色。在表现产品的设计意图和可能实现的产品形态之间，寻找到了最真实化的图像表现。它结合了绘画的造型方法和机械设计中的三维制图方法，使产品手绘不仅具有艺术造型的表现力，又具有严格的尺度和准确的结构。

　　产品手绘的不可替代性，是由产品设计的一般过程决定的。我们都知道一个产品的设计是从设想开始的，设想是人们的意识，是没有具体形象的。这个设想如果仅仅停留在设计命题上，它就只能算是一个文本。如果我们的目的是要把设想变为看得见、摸得着的产品，那就必须把命题变为求解活动。对于产品设计而言，求解的能力，首先就是要把设想的产品形象化，看比说和听都能更加直接地达到认知的目的。用文本来描述一个产品，可能使我们对产品有一些概念上的认识，但它不直观，还需要做大量的文字解说。而使用产品手绘就简单得多了，我们通过形态、色彩、体积、结构，可以一目了然地得到答案。产品手绘的作用就是把产品设想变成为产品虚拟的形象，这种最基本和最有效的方法，已成为设计师最需要掌握的技术能力。

　　以产品手绘的方法表现产品设计过程中的构思，是产品最初的形态化描述，也是产品设计程序化过程中的第一步。它具有三个重要的内容：构思、表现、创新。

—— 构思

产品设计在构思阶段，一般设计师都会使用手中的笔在稿纸上画出许多方案，这些方案不一定是完整的产品形象，有可能是局部的或者是结构上的交代。通过手绘得出各种产品的创意雏形，经过初步认定，寻找出进一步发展的方向。把草图中有价值的东西集聚起来，通过手绘的方式形成较完整的设计草图，这种草图要充分表达设计的意图。

在以往的教学中，我们发现有的同学在文字描述设计构思时，是较清楚的，一旦要求他们用草图来说明产品设计的时候，就会出现"图不表意"的问题。这样，即使是一个很好的设计思想，也变成了"字上谈兵"。所以，我们说，用手绘的方式把设计构思表现出来，是设计者的基本技能。

"会哼不会唱"对于音乐欣赏者来说，是可以理解的，但对于一个专业演唱者来说，就不合格了。如何"会唱"和怎样提高"唱"的水平，就是我们在本书中要讲授的内容。

—— 表现

即便我们有了手绘的能力，表现也容易出现误区。一般来讲，绘画造型基础较好的同学，在学习产品手绘时会进步得快一些。原因是产品手绘在基础部分与绘画的要求一样，要具有扎实的造型能力。但是，产品手绘与绘画又是有区别的。绘画表现注重情感、动态、夸张、意境等等，它的终极目标不是还原物质属性的原貌，而是要把静止的事物看成一种动态的情感的世界。简单地讲，绘画的表现是遵循艺术的规律，在这点上产品手绘的表现与绘画艺术的表现有很大的区别。其一，产品手绘要求真实地还原物质属性的原貌，也就是要求产品手绘对产品物质化生产加工负责，能不能生产出来并且批量生产出来是唯一的标准。起码设计师要这样认识问题，否则产品手绘就失去了意义。其二，设计手绘是静态的表现、理性的分析，它依据人机工程、机械原理、数理逻辑对产品进行解剖和组合，最后得到产品形态的正确呈现。并且，有时还会对每一个产品的局部组织结构做深入细致的描绘。其三，设计手绘重在产品结构、结点、尺度，以及材料、质感、机理的表现。最后，设计手绘应该有一个较为完整的表现方法。这些内容我们将在本书中一一介绍。

—— 创新

创新是设计的根本任务。设计的活动是一种创造性活动，设计的行为就是一种创造性行为。根据这样一个原则，设计手绘就具有"无中生有"的特征。对于原创性的产品而言，是没有母型可以参照的。没有了临摹的对象和可以参考的对象，就要求设计者充分发挥想象力，想象力是设计师是否有创造力的核心指标。把想象转化为产品的时候，第一时间再现的"影像"就是设计手绘。

小结：设计手绘是设计过程中的原型构思，是产品形态化描述。这一阶段也是设计者创造性思维最活跃的阶段，产品设计的雏形就是从这里产生的。虽然它仅是一个设计草图，但它为产品设定了方向，为产品的实现奠定了形态化的基础。所以说，设计手绘是设计师创作的工具，是我们学习设计的必备技能。

一、产品手绘技法是工业设计师的重要职业技能

"工业设计师是什么？"我们引用了彼·多默的疑问语。他在《1945年以来的设计》一书中对设计师进行了分析研究，了解到工业革命以来设计师和制造者已有了区别，产品通过设计而后制造出来已经不是新生事物了，谁设计了产品比谁制造了产品更要惹人注意，等等。这一切说明，设计师在产品生产中有着重要的作用。设计师的活动表现为他们的思考、分析，以及所做的模型和草图，是产生想法和使这些想法明晰起来的活动。显然，如果产品是按照设计师的详细方案来制作，那么设计师必须具备包括产品手绘在内的职业技能。

工业设计是一种创造行为，它不能简单地等同于技术，也不能等同于艺术。从单纯的技术史或艺术史中都不能找到设计发展的必然逻辑，工业设计应该是技术与艺术以及其他多种元素结合的综合性活动。

工业设计师所要具备的职业技能，应该是综合性的。工程师懂技术但不懂艺术，画家懂艺术但不懂技术，这是他们所从事的职业决定的。但工业设计师如果仅仅懂得其中的一项，那么就可能"先天不足"。我国现有的工业设计师队伍主要由两种教育模式培养出来的：一是工程类工业设计专业；二是艺术类工业设计专业。虽然有各自专业教育的偏重，但有一点是共通的，这就是强调学科交叉，强调科学技术与艺术的统一。在培养计划中也有相同的课程，这就是设计手绘课程，以及围绕这一技能所设置的多门基础课程。

产品手绘对于工业设计师的重要作用，还在于它是设计师的语言，是传达信息的工具。工业设计师传达信息的最主要方式，就是通过设计手绘，明确无误地表达设计的意图。设计是设计师的工作，但将设计变成产品就不是设计师能一个人完成的事。设计—制造—销售—使用，这个过程是一个相互联系的统一体。在"一个设计师"和"一条生产线"之间有很多相关的人，

如工艺师、工程师、材料专家、设备专家、市场专家、客户代表等等，他们所从事的工种、技术虽然不同，但目标都是相同的。他们在设计活动中互相配合，并尽可能多地在设计成为产品之前明确一些问题。这就要求设计师拿出可视的设想方案，包括设计草图、方案效果图甚至有时还做成模型。手绘方案图传达的设计意图越明确、越具体越好。

二、产品手绘作为"设计语言"的基本特征

语言的核心价值是用来交流信息、表达情感的。每一种职业都有自己独一无二的职业语言，如歌唱演员的嗓音和声乐技巧、舞蹈演员的身体动作和表情等等，每一种职业语言都有其独特的基本性质。工业设计师的设计语言包括：机械制图、模型制作、手绘设计草图和效果图、电子计算机辅助设计软件等。产品手绘作为其中十分重要的设计语言之一，它有如下几个方面的基本特性：

1. 准确性——表达清晰明了，不能似是而非、模棱两可

产品手绘包括草图（速写）、彩色效果图等。无论是表达创意的构思草图还是绘制完整的彩色效果图，一定要传达出准确的设计创意意图。所谓准确性，就是清晰明了，不能模糊不清、令人费解。产品手绘的特点是用图形语言来说话，用图形来表达的视觉内容必须是让观者一看就懂的，无须借助口头或文字语言来说明。

2. 流畅性——表达顺畅流利，工具运用得心应手

产品手绘的第二个特性是其表达的流畅性，这是技术层面的要求。俗话说"熟能生巧"，产品手绘者对绘制的工具和技巧需要长期的训练和实践，才能完全熟悉并了解掌握工具的性能，甚至使工具成为设计师大脑和肢体的"一部分"，想怎么表达就怎么表达，想出什么效果就能出什么效果。

3. 生动性——运用审美原理与法则，展示手绘效果的生动和优美

产品手绘的第三个特性是其表达的生动性，这是艺术层面的要求。尽管我们也强调，艺术性不是产品手绘的核心指标，因为产品手绘的主要作用是"图说"，即只要理性地表达出"这是什么"就可以了。但话说回来，既然是一种"语言"，我们不妨把语言说得生动有趣些，使观者在看这些手绘图时会被设计师高超的技艺、生动优美的图像深深吸引甚至着迷！要达到这一点，绘画者的心（脑）—眼—手需达到一种极为协调、出神入化的境界。优

秀的手绘作品也的确会让人感动、兴奋、愉悦、共鸣，让观者的身心在欣赏中体验一种美感！

三、产品手绘的画面特征

尽管手绘的技法如同绘画艺术一样，运用画笔、纸张、颜料等工具，但是因为表达的对象、目的、要求不同，其呈现的画面效果有所不同。画家是非常个性化的职业，他们终身追求的是与别人的差异。个性、叛逆、标新立异，这些词常常与画家形影不离。他们可以爱怎么画就怎么画，不会因为别人看不懂而放弃自己的艺术追求。但是设计师的工作是为了满足客户或者大众需求，尽管设计师也要设计出个性化的产品，然而这种个性化产品不是为自己设计的，它可能是一款全新的、引领时尚的产品或者是为满足个性化需求的一部分群体而设计的。总之，为他人设计是设计师的工作的常态。由于两者的职业定位不同，表现在具体画面上必然有各自的特征。产品手绘的画面特征有如下几点：

1. 正确、全面地传达产品的所有特征与细节

即便是设计草图，也要正确、全面地传达出未来产品的特征与细节（见图1.1）。我们知道，画家速写可以只从某一个认为较好的角度去画；但设计师设计产品是从产品的全貌着手的，前后左右、里里外外都在考虑之中。因此，设计草图往往会从几个不同的角度去刻画，把内在的结构关系、外部的形态特征，甚至各个部件或细节（开关、按键、显示器等等）都会仔细推敲。所有这些都是设计师的工作性质决定的，所以，在草图中整体和局部都不会被忽视。

2. 以线造型，用色干净利落，不作太多的明暗调子的刻画

产品手绘造型手法一般以线条为主，铅笔、钢笔、马克笔，一切可以书写出线条轨迹的工具都可以成为绘画工具。线条是最具造型能力的，因为它界限明确不含糊，最容易判断形态特征的正确与否。一般情况下，设计草图以铅笔、钢笔或马克笔这些最常用的工具来表达，有时不施任何色彩。整个绘画过程大胆流畅，不追求一条线准确无误画到底，而是随着思维走，不断在过程中修改调整。因此，我们看到的许多设计大师的草图，看似随意涂抹，线条如行云流水，但表达的主题、结构、形态、基本特征都在其中。即使上颜色，也要干净利落，不用太多的明暗调子的刻画。把产品各部件的主要色彩和体积感、基本的材质感表达出来就可以了（见图1.2）。

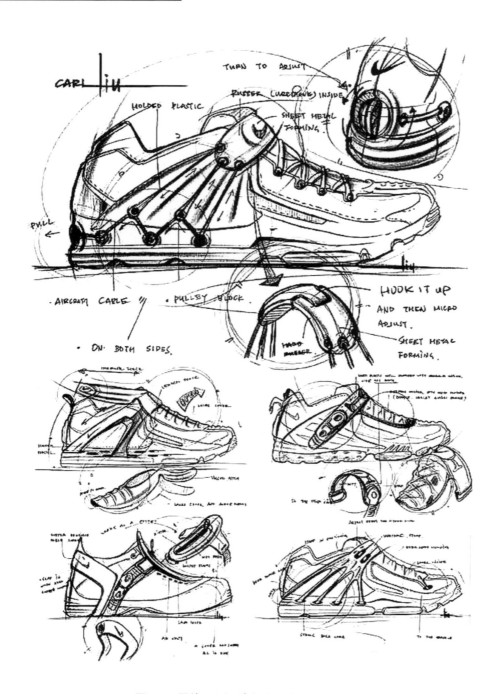

图1.1　国外工业设计师的设计草图之一

第2章

产品手绘常用工具

CHANPIN SHOUHUI CHANGYONG GONGJU

一、线条造型工具

1. 铅笔类

铅笔、木炭铅笔、彩色铅笔，是常用的草图绘制工具。铅笔有HB、2B、3B、4B等，依次从硬到软，颜色从淡到浓。一般情况下，软硬适中的最为常用，比如HB、2B。

木炭铅笔色粉浓黑，也是不错的画线条的工具。但由于色粉附着力差，容易把画面抹脏。

彩色铅笔因为色彩丰富，表现力较强，很受设计师的欢迎。其中水溶性彩色铅笔，可以在涂抹铅粉基础上蘸水用水彩笔化开，当水彩色使用。见图2.1、图2.2。

图2.1　各类水笔、铅笔

图2.2　彩色铅笔

2. 水笔类

要说画线条的工具，数水笔类最为丰富。水笔的种类和区别一般在笔头上，除了传统意义上的自来水笔（钢笔），还有针管笔、走珠笔、签字笔、尼龙笔等等（见图2.1）。笔头的材质有差异，笔头有粗细之分，当然质量和价格也有所不同。不能简单地说哪种笔比其他笔更好用，只能说自己更喜欢或更习惯使用哪种笔。因为每种笔都有自身的特性，只要掌握其性能，它都能成为设计师的好朋友。

3. 其他类笔

除了铅笔、水笔外，圆珠笔（油墨）也是很好的画线条工具。圆珠笔也有好多种颜色，常见的有黑色、蓝色、红色等。使用圆珠笔有一个优点，就是在用水性颜料上色的时候，圆珠笔的线条不会因为水彩浸染而渗开来。也有人用毛笔画线条，但是使用范围不广，这里不作具体介绍。

二、上色工具

1. 水彩色

水彩色有管状的、瓶装的和固体的等不同品种。水粉色也是属于水彩色系列。水彩色在手绘草图和效果图中经常被使用。

2. 马克笔

马克笔有油性和水性之分，生产品牌也是良莠不齐。一般以马克笔在上色涂抹过程中损伤纸张的程度来判断质量的优劣。有的马克笔在一般的打印纸上重复涂抹往往会损坏纸张，这是因为笔头的材质较差的缘故。建议选择那些品牌较好的马克笔，价格可能会高一些，但物有所值才是关键。如"Fine&Chisel"、"PRISMACOLOR"、"KURECOLOR"这三款进口马克笔是比较好用的（见图2.3）。

图2.3　几款比较好用的进口马克笔

3. 色粉笔

色粉笔是产品效果图中常用的上色工具（见图2.4）。使用的时候用刀片把色粉笔上粉末刮下来，加上爽身粉调理均匀，再用海绵或者脱脂棉蘸着粉末去涂抹。这种方法适合表达圆润、光滑、朦胧渐变的特殊效果（见图2.5）。

图2.4　色粉笔

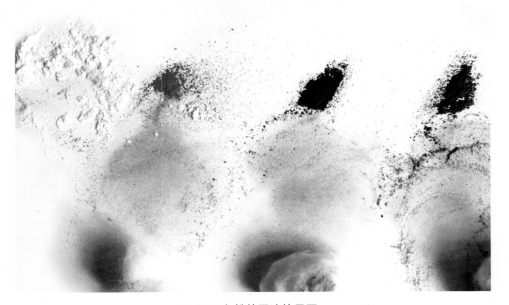

图2.5　色粉笔画法效果图

三、辅助工具

（1）遮挡纸，有告示贴（见图2.6）、低黏度胶带纸等。

（2）模板，有圆形模板、椭圆模板、曲线模板等（见图2.7）。

（3）脱脂棉花、爽身粉等（见图2.8）。

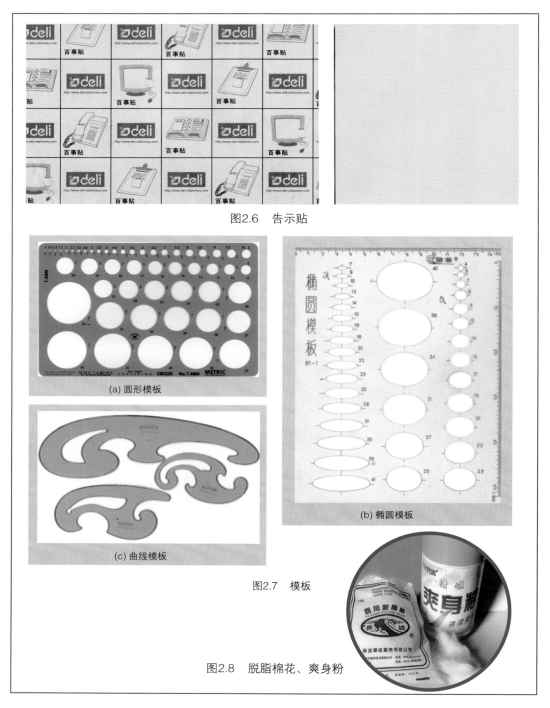

图2.6　告示贴

(a) 圆形模板

(b) 椭圆模板

(c) 曲线模板

图2.7　模板

图2.8　脱脂棉花、爽身粉

四、纸张

1. 卡纸类

所谓卡纸，通俗地讲就是那些纸张比较厚的纸。我们可以把它分为无光泽的、有光泽的和色卡纸三大类。第一类纸的表面无光泽，摸上去手感有些粗糙，如素描纸、水彩纸等。这类纸张对色粉、铅笔粉吸附能力强，吸水性也强。由于纸张比较厚，即使重复多次地上颜色，纸张一般也不会破损，非常适合用水彩、水粉或马克笔作画。第二类纸张的表面有光泽感，摸上去手感细腻、光滑，印刷用的铜版纸就属于此类纸张。这类纸张吸水性较差，不适合用水性颜料作画，用油性马克笔去画会有较好的表现力。第三类是各种有色卡纸，有色卡纸在画某些特殊产品的效果图时往往有独特的效果。比如在黑卡纸、深灰色卡纸上画玻璃或水晶类产品，在红色卡纸上画红色产品或在黄色卡纸上画黄色产品。当卡纸的本色就是产品的固有色彩时，只要深色加深，亮色提亮，画面就显得非常简明又有层次感（见图2.9）。

图2.9　色卡纸手绘效果图

2. 复印纸、打印纸

这类纸张价格便宜，使用方便，大多数情况下画草图都用这类纸张，甚至也可用水性马克笔表现彩色效果图。这类纸张的缺点是不宜反复渲染，否则纸张容易破损。

3. 其他纸张

除上述常规纸张外，一切可以书写、画画的纸张都是可以用来画草图以训练手绘技法的。

第3章

造型三要素
ZAOXING SAN YAOSU

要在平面的纸张上表现出物体的体积感、空间感和材质感，必须具备下列三种要素：形态和体积、透视与空间感、线条与色彩。

一、形态与体积

所有复杂的产品，都源于简单的几何体，其形态大致可分为如下三大类：

1. 有棱角的几何体（立方体、棱锥、棱柱等）

构成这类几何体形态的东西，至少要有4个面相交。如三棱锥，是由4个三角形平面构建而成，每3个面相交的地方会形成结点，这样三棱锥会有4个结点。正确地画出这四个点，三棱锥的形态与体积就跃然纸上；立方体是由6个面相交形成8个结点。正确画出立方体8个结点的位置，再用直线连接相应的点，一个立方体的形态和体积就出来了。见图3.1。

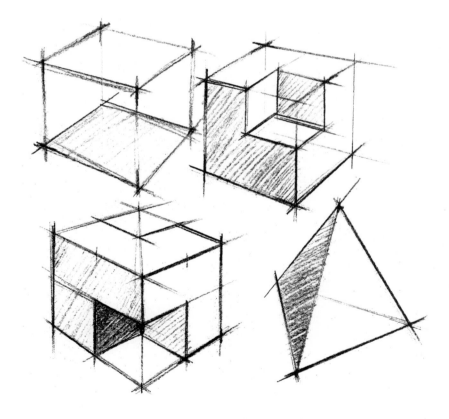

图3.1 有棱角的几何体

2. 球形的几何体

球形几何体包括圆球、半球、弧形（流线型）、曲面形等几何体，在产品中也是比较多见的。如灯泡、灯罩、鼠标器、吸尘器、电熨斗以及大部分现代产品，都有圆弧、流线型或曲线形的外观特征。见图3.2。

3. 圆柱形、蝶形的几何体

产品中呈圆柱形、碟形的几何体也是很常见的，如酒瓶、饮料罐、钢精锅、碗、碟子、手电筒等等。见图3.3。

二、透视与空间感

每个人都生活在一定的空间中，在我们的周围大多数的东西都是有体积感的，不仅可以通过眼睛观察到它们的真实存在，还可以调动触觉、嗅觉、味觉等感官

图3.2　球状、曲线、圆弧形产品

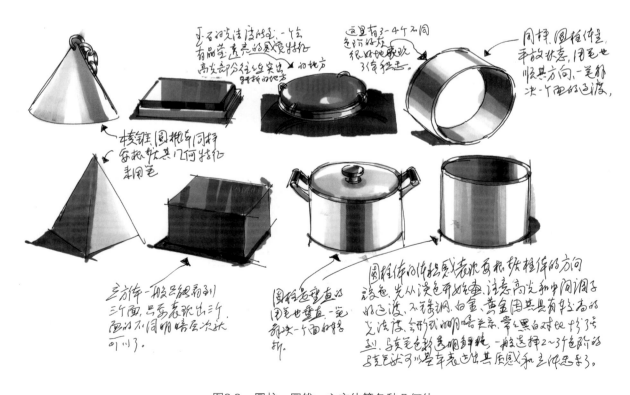

图3.3　圆柱、圆锥、立方体等各种几何体

去做更深入的体验。在我们的生活中，人人都能体验到同样大小的物体，在实际场景中因为摆放距离远近不同，会出现"近大远小"的变化；甚至觉得路的两条边线向一个中心点消失。这样的视觉体验，让我们有了空间的深远感（对物体来说就是空间感、立体感）。这种现象就是透视现象，因此我们说，透视现象首先是自然规律，透视学就是从自然规律中发现和总结出来的。在一张平面的纸上要画出物体的空间感、立体感，必须要正确判断和画出其透视规律。本章对产品设计或手绘中经常碰到的几种普通的透视现象作一个简单的介绍。

1. 一点透视

正确地画好透视与观察者的角度、视平线的位置有着非常重要的关系。所谓的一点透视（或称平行透视），就是只有一个透视消失点（或称灭点）的透视状况。下面以一个立方体来说明（见图3.4）。

一点透视的基本条件：

（1）观察者头部保持竖直，眼睛向前方平视，观察立方体。

（2）立方体共有3对面（前后1对、上下1对、左右1对），12条边线（左右水平4条、上下竖直4条、前后水平4条）。它们的每一对面是相互平行的、大小一样的，其中有一对面要与观察者的脸面是平行的。

（3）要确定视平线的位置：在室外空旷的草原或大海边上，地平线或海天交界线的位置就是视平线的位置；在室内，拿一张纸或一张卡片（平面朝上），在眼睛正前方上下移动，在纸或卡片变成一条线的地方就是视平线的位置。视平线的位置随着观察者的位置变化而变化。

视平线是画准物体透视的一条"准绳"。视平线以下的物体呈现出来的透视现象是"近大远小"和"近低远高"；视平线以上的物体呈现出来的透视现象是"近大远小"和"近高远低"。

在以上条件下我们观察到的立方体的透视现象就叫"一点透视"。

一点透视的基本规律：

（1）前后一对正方形的面的上下两条线本来就是水平的，我们从上述角度去看它们的时候仍然呈水平状态。

（2）前后左右两个面相交形成四条竖直的边线，我们从上述角度看它时，它们依然呈竖直状态。

（3）但上下两个面的左右两条边线看上去既不水平、也不竖直，而是向一个中心点相交或消失。这个消失点叫"灭点"，这个消失点的位置在视平线上对准两只眼睛的中间部位。

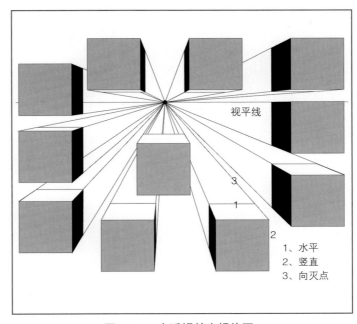

视平线

1、水平
2、竖直
3、向灭点

图3.4　一点透视基本规律图

2. 两点透视

两点透视（或称成角透视）是指同一个立方体因为观察者的角度发生变化，产生了两个透视消失点的透视现象。

两点透视的基本条件：

（1）观察者头部的位置保持竖直，眼睛向前方平视，观察立方体；

（2）立方体共有3对面（前后1对、上下1对、左右1对），12条边线（上下竖直4条、水平8条），每一对面都和观察者的脸面不平行，而且分别向视平线上的左、右两个消失点消失。

两点透视的基本规律：

（1）原来竖直的边线看上去仍然是竖直的；

（2）另8条水平边线，4条向左消失点消失，另4条向右消失点消失；

（3）左消失点和右消失点在同一条视平线上，见图3.5、图3.6。

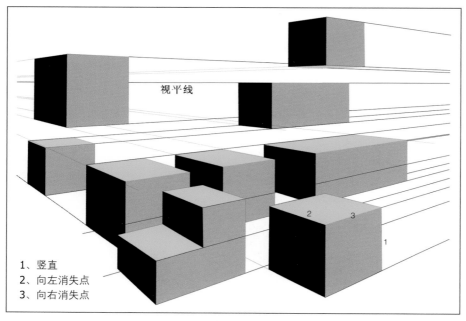

图3.5　两点透视基本规律图

图3.6　两点透视下的沙发实物照片

3. 圆面、同心圆与碟形物体的透视

产品中圆面、同心圆、碟形的结构和部件是非常多见的，其透视规律在这里也作一简单的介绍。

（1）圆面的透视

在一张正方形的纸张中画一个圆，再把它平放在桌子上去观看，由于视点位置的不同，会产生可见面积大小不同的椭圆形。透视状态中的正方形的对角线相交点，就是这个圆面的圆心。过圆心画一条水平线，我们就可以发现圆面透视的一个基本规律：①前半个圆的面积要比后半个圆大；②前半个圆弧要比后半个圆弧幅度大。见图3.7。

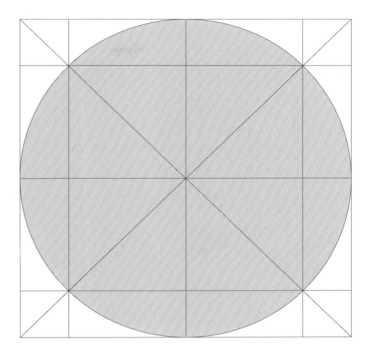

（a） 用制图的方法来画一个平面的正圆形

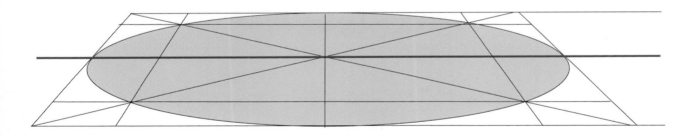

（b） 画出透视的圆面

图3.7　圆面的透视图

（2）同心圆的透视规律

本书中同心圆是指上下两个圆面的圆心在同一个轴心上，例如圆柱体的上底面和下底面、碟子上大下小的两个圆面、标靶的大小圆圈等等(见图3.8（a）)。

同心圆在透视状态下，除了上述的规律外还有以下特点：

①圆柱形体的透视，上下两个圆面中靠近视平线的那个圆面可见面积小，远离视平线的那个圆面可见面积大（见图3.8（b））。

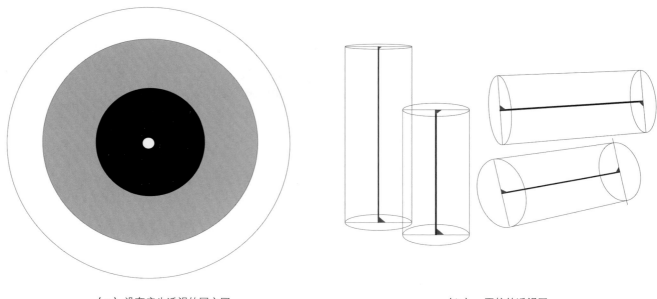

（a）没有产生透视的同心圆　　　　　　　　　　　　　　　（b）　圆柱的透视图

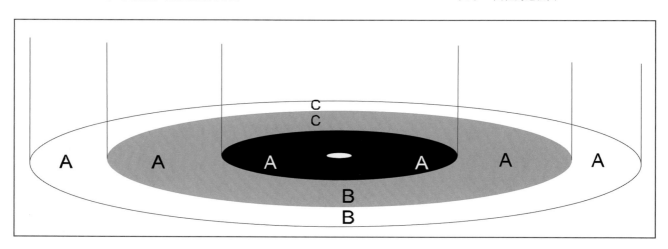

（c）　产生透视变化后的同心圆

图3.8　同心圆的透视图

　　②上下两个圆面的中心点的连接线就是轴线，这和连接两个车轮的车轴是一样的道理。在任何透视状态下圆柱体上下两个底的椭圆面（产生透视后变成椭圆形了）的最长直径和它们的轴线相交成90度（见图3.8（b））。

　　③同一个平面上的圆面如果从里而外有两个以上的同心圆（如标靶从一环到十环），产生透视后，两个圆之间的厚度也有不同的变化。一般情况下椭圆左右两端可见的厚度大于前后两端可见的厚度，那是因为左右两端的厚度是不会产生透视变形的缘故。同时，前半部分可见的厚度大于后半部分的可见厚度（见图3.8（c））。

　　④碟形的透视规律：碟形碗口朝上的时候，后半个碗壁比前半个碗壁可见面积大，如果碟形碗倒扣则情况相反（见图3.9）。

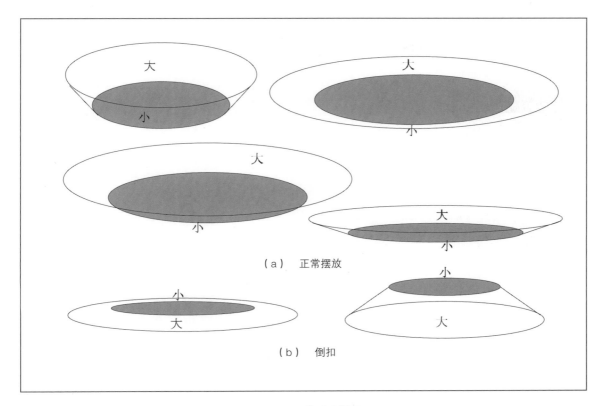

（a） 正常摆放

（b） 倒扣

图3.9 碟型透视图

三、线条与色彩

绘画既然是一种"语言"，那就存在语言的性格特征和语言的魅力。语言不同的性格特征和魅力有助于更好地传达内容。简言之，我们可以将线条喻为骨，色彩喻为肉。

1. 线条的性格

线条的性格特征是人类从大自然、从现实生活中体悟出来的：

（1）竖直的线条——挺拔、向上伸展、坚硬、流畅（如挺拔的树木、高耸的大厦）；

（2）水平的线条——稳定、平静、安全、舒适、开阔、延展（如广袤的草原、无边的田野）；

（3）波状的线条——运动、流动、柔软、飘忽、不稳定（如流淌的水、轻柔的风）；

（4）抛物线——力量、速度、光滑、有弹性（如发出的炮弹、抛出的飞镖）。

此外，线条的粗细差异、运笔的快慢不同，以及不同绘画工具画出来的线条都会形成不同的性格。

2. 线条的作用

手绘图中线条主要有下列两个作用：

（1）表达形态的作用：线条通过轮廓线、结构线和透视线可以表达这是什么形状的产品，即所谓形似。

（2）表达质感的作用：线条还可以通过轻、重、缓、急、粗糙、光滑等运笔的变化，表达出产品的物理质感，即所谓神似。见图3.10。

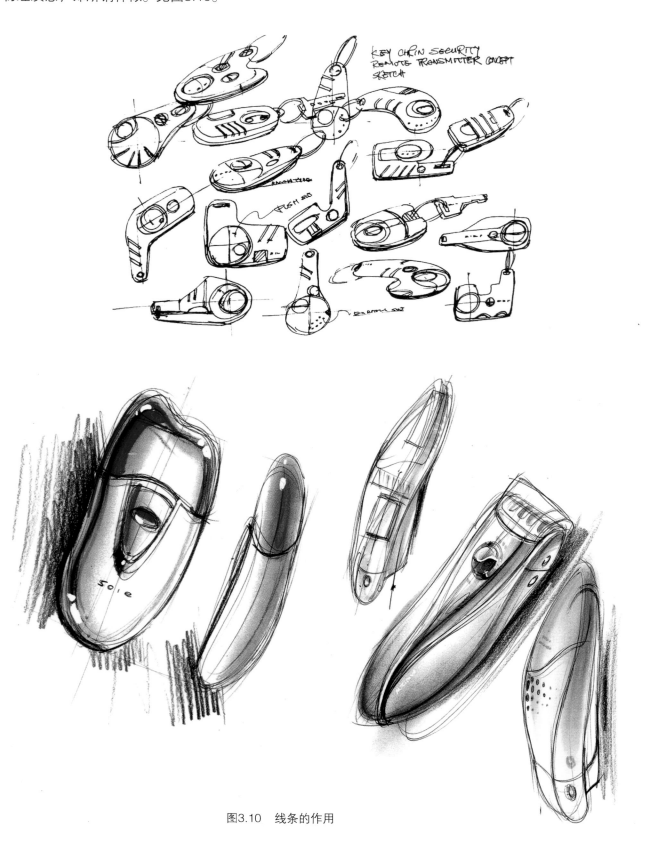

图3.10　线条的作用

3. 色彩的性格

和线条一样，色彩的性格特征也是人们从大自然和生活中体验出来的：

（1）红、黄系列——可以联想到阳光、火，具有温暖热烈的性格特征；

（2）蓝、绿系列——可以联想到蓝天、大海、草原、森林，具有舒适、宁静、凉爽的性格特征；

（3）间色系列——具有平和、协调、中庸的性格特征，广泛在产品设计中使用；

（4）黑色与白色——虽然黑白是两个很极端的颜色，但它们具有能和任何颜色相协调的性格。

4. 色彩的作用

手绘画中色彩主要有下列两个作用：

（1）表达产品的色相属性，即产品固有的色彩。

（2）表达产品的质感属性，即产品的材质肌理感。见图3.11。

图3.11　色彩的作用

第4章

产品手绘训练要点
CHANPIN SHOUHUI XUNLIAN YAODIAN

在产品手绘的训练中必须注重比例关系，运用比较的方法和对比的手法，简单地讲，就是"三比法"（比例、比较、对比）的运用。

一、注重比例关系

比例关系存在于所有有形物质的形态中，当然也是产品本身的属性之一，是不以观察者的主观意志而改变的。

所有产品的特征都与其不同部位、不同功能区之间的比例有着独特的关系。画家一眼可以看出目字脸和国字脸的人最大的区别在于鼻子的长短：目字脸的人一定有个长鼻子，而国字脸的人一定长了个短鼻子。可以这么说，如果想准确地描绘人和物，必须对比例关系有着非常敏锐的视觉判断。同样，引起产品外观千变万化的主要原因，是因为产品上各个部件的面积大小和形状不同所致。各部件之间的比例不同，也就造成了产品外观形态的千差万别。抓住了比例关系就容易抓住产品的外观特征；抓住了比例关系也容易画准透视关系。见图4.1。比例关系在设计师的技术语言中便是"尺度"关系，这种尺度在一般的

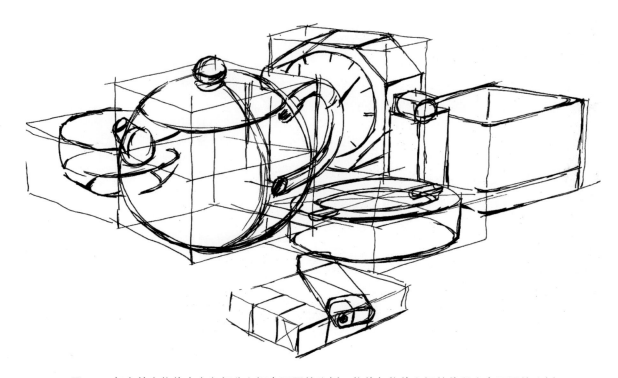

图4.1　每个单个物体本身各部分之间有不同的比例，物体与物体之间的体积也有不同的比例

产品中至少精确到毫米。对学习工业设计的学生来说，尺度概念的确立显得十分重要，平时观察任何事物或分析任何产品时都要养成用尺度（比例）去观察、去判断的习惯。唯有这样，在手绘中才可能正确把握住各种复杂产品在不同透视状态下比例关系的变化。

二、运用比较的方法

有人曾经这样说过，画画的学问是比较的学问，画得准不准首先取决于绘画者的观察方法和比较方法。

1. 整体地观察

看产品的外在形态，也就是处在背景前面的产品轮廓呈什么形态，有哪几个节点或关键点，这些节点或关键点相连，就是产品在我们面前所呈现的基本特征。同一个产品还会因为我们观察角度的变化而呈现不同的外观特征。所谓整体的观察，包含两方面的内容：首先暂时撇开产品的细节和零部件，专注于这个产品的整体外观特征，得出一个整体的观察结果；其次整体观察不是不要局部的、细节的观察，而是把局部和细节的观察纳入到整体的观察之中。见图4.2。

一般情况下，构成一件产品至少由两个以上

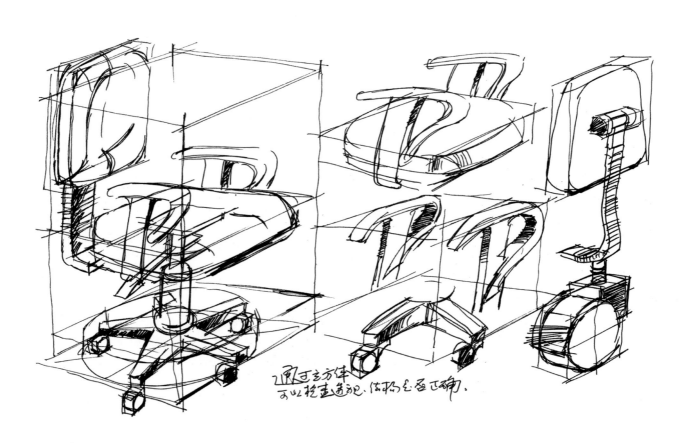

图4.2 再复杂的产品都可以用简单的几何体进行分析概括

要素或部件组成，比如一个咖啡杯，至少由杯体部分和把手部分组成。这样，从整体去观察一个咖啡杯的外观整体形态，至少有三方面的基本内容：①杯体部分是由高度和宽度（杯口直径和杯底的直径）构成的；②把手本身的形状特征；③把手和杯子之间的形态和比例关系。整体观察就是在"整体中包含局部、由几个局部构成一个整体"这样一个互相关联的关系中去观察、去分析的过程。整体的外观形态画准了，局部的正确位置也就在其中了；反过来说，局部的结构、比例不准确，那么正确的外观也不存在了。

因此，所谓整体观察，就是既要看整体的外观特征或形状，也要看各部件特征如何影响或改变着整体。这是一个整体中有局部、局部中有整体，大中有小、小中有大的相互依存关系。

2. 反复地比较

无论是外部轮廓还是内部的部件或细节，要想画准，必须反复地从相互比较中去观察与分析，从而作出判断。

（1）从水平线、竖直线、倾斜线去观察比较产品在这个空间中的位置、角度；从大的功能区去比较它们所占的空间大小及比例关系（如手机显示屏和键盘的比例关系）。

（2）任何一个细部和整体都有不可分割的密切关系，因此局部与整体、局部与局部都是需要反复进行比较才能得出准确的结论，才能下手刻画，才能一锤定音。

（3）是什么样的透视状态？哪些线条应该消失在哪个透视消失点？物体产生透视后的视觉比例与实体比例是有区别的，也要通过观察和比较才能画准透视关系。

三、运用对比的手法

大凡艺术作品，常常会采用对比的手法来营造或加强艺术效果。对比有形成对立、加强个性化差异化、互相衬托的审美效果（见图4.3）。

图4.3　线条的粗细和大块的黑色暗部形成强烈的对比

对比有虚实对比、粗细对比、高低对比、大小对比、黑白对比、冷暖对比、不同材质的对比等等。

可以利用线条粗细、虚实，造成刚劲有力与蓬松柔软的对比表达不同的产品质感。也可以利用黑白、冷暖关系加强产品特点。另外强化重点也是为了形成对比。每件产品都应该有关键部件或者核心部件（如照相机上的镜头），该部件要当成画面重点去刻画。

第5章

产品手绘训练方法
CHANPIN SHOUHUI XUNLIAN FANGFA

一、造型基础训练——结构素描

1. 结构素描的意义与作用

在《中国大百科全书·美术Ⅱ》中，素描被释义为："素描是以线为主要描绘方式的单色画。作为研究和再现物象的一种方式，素描主要作为美术教学的基本功训练手段。它以锻炼整体的观察和表现对象的形体、结构、动态、空间关系（包括质感、透视关系等）的能力为主要目的。"结构素描是素描的一种形式。由于艺术设计学科不断的发展，其造型基础要求有别于绘画，特别是观察事物和表现事物的角度与绘画艺术有所不同，也因此产生了重视事物结构的表现方法。顾名思义，结构素描是一种把结构表现的内容放在重要位置的素描活动。结构素描是一门研究事物结构为主的造型基础课程。它按照造型基本规律，结合艺术设计的特点，强调表现事物的外部形态和事物内在的构造。"透过现象看本质"，不仅严格外部形态塑造，还必须对看不见的内部构造做详细的描绘。它表现出一种类似"透明"的事物内外形态。在观察事物的方法上，与重感性的传统素描有所不同，结构素描更加注重理性。在刻画事物形态和结构时科学分析加重，而情感分析减少，这也与设计是科学技术与艺术的统一这一本质有关。结构素描的表现手法是多种多样的，但目的只有一种，这就是转变视觉思维方式，追求设计要素的表现性。

结构素描不仅注重艺术性表现，更重要的是科学性的表现。它力求结构的准确，透视尺寸概念清楚，并根据各设计专业造型训练的要求，强调不同的观察方法。

对于工业设计而言，结构素描是专业知识技能的组成部分，如同语言中的字、句。我们要学会一门语言，首先要识字、造句，然后才有可能弄懂语言。字、句没有掌握好，要写出好文章来，是不可能的事情。工业设计师要设计出好的产品，就必须能把好的创意形象化，这是设计的第一步。如果我们把一个好的创意仅停留在言语上或文本中，要实现产品那就连"纸上谈兵"都达不到。有一些学设计的人常出现"谈得出方案，画不出方案"的现象，原因就在于此。有句俗话说"百闻不如一见"，谈得再好不如画出来"一目了然"。结构素描的学习就是要解决造型的表现问题，结构素描是设计手绘的造型骨架，设计手绘是结构素描的深入表现。总而言之，要写好文章就得先学好字、句，同样的道理，要学好设计手绘首先要掌握结构素描基本技能。

2. 结构素描的训练要点

结构素描在训练过程中，应该区别于明暗调子的素描方法。排除明暗色调、材质肌理的影响，对物体进行仔细观察和理性推理，将可见和不可见的物体结构进行符合逻辑的、符合透视规律的表现。传统的素描写生一般保持着与静物的物理距离，并固定某一个视角。结构素描在写生中，可以走近静物，也可以把静物拆开来观察内部结构、尺寸，对物体结构默记，会帮助我们完成素描表现。

"自然中的每件东西都与圆柱体、球体、圆锥体极为相似，要用圆柱体、球体、圆锥体来处理自然。"保罗·塞尚这段话，道出物体的基本形态。自然物和人造物中形形色色的复杂形态都有一个基本的规律：物体都由基本几何图形组成。基本几何图形包括立方体、球体、圆柱体和锥体。而立方体是结构素描的基础框架，从立方体开始可以分析和表现出不同的复杂形体。见图5.1。

学习结构素描必须注意以下训练要点：

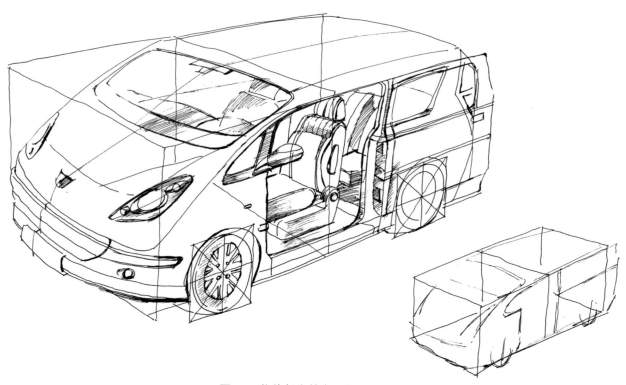

图5.1 物体都由基本几何图形组成

（1）对素描对象做形态结构分析。如整体形态的尺寸、结构、某部分的形态及其与整体的关系，外部形态与内部结构的关系、大小比例、位置，形与形之间的过渡，都要做认真的观察和了解。

（2）对素描对象做几何形体的抽象概括，可以用立方体的基本框架把素描对象归纳在其中。立方体的框架用线表现，要严格把握空间透视和比例关系。

（3）在立方体的基本框架中刻绘素描对象的形态。要注意基本框架是形态的透视和比例的参照物，甚至是坐标系，也如同基本模型。离开了这个框架，素描对象就没有了依据。

（4）表现素描对象时注意用线的虚实关系，通过对辅助线条和主题线的虚实、粗细的处理来把握整体和空间，调整画面的节奏。

3. 结构素描画法步骤

（1）画出立方体，认真修正立方体的透视和比例，作为下一步绘画的基本框架。

（2）如素描对象形态超出立方体，可根据立方体的透视角度和比例增加一个或半个立方体（见图5.2（a））。

（3）以立方体为根据切出产品各部件的其他

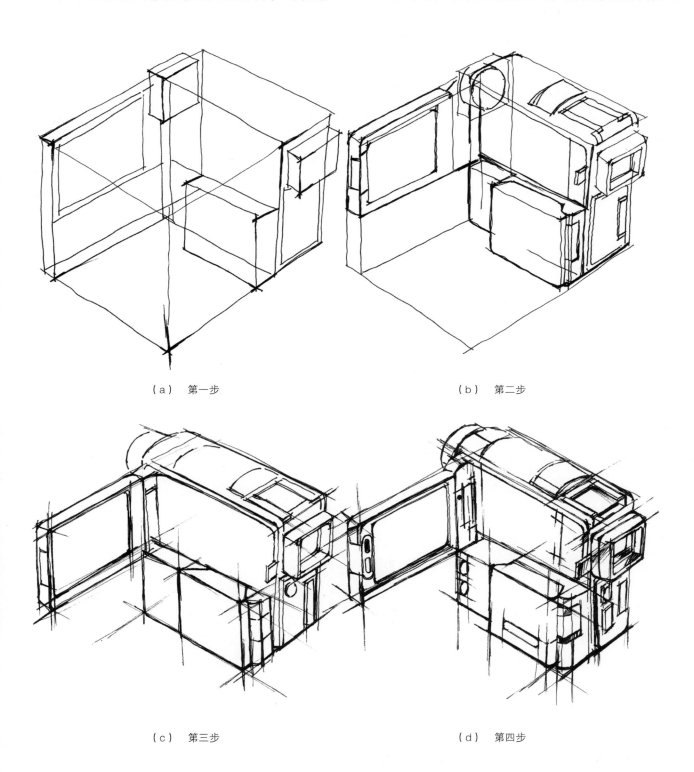

（a）　第一步　　　　　　　　　　　　　（b）　第二步

（c）　第三步　　　　　　　　　　　　　（d）　第四步

图5.2　结构素描画法

型，注意画圆的基本规律，特别是透视中圆形的变化。

（4）先画出素描对象的主要形体，如果是两个以上部分的结合形，就应该注意各部分之间的组合关系、比例、透视、结构要准确（见图5.2（b））。

（5）局部形体的刻画必须符合整体的结构。注意比例、位置。透视要跟主要形体一致。

（6）内部结构的表现。当外部形态基本画出后，可以深入地刻画内部结构。如内部结构过于复杂，可以只画主要部分，或把某个局部构造或部件放大，细枝末节处不画（见图5.2（c））。

（7）调整整体关系，注意线的表现在视觉上要清晰，空间要明确。做到外部主要形态肯定，内部结构准确，同时要有艺术的表现力（见图5.2（d））。

二、产品速写、默写训练

1. 速写、默写训练的重要性

产品速写的目的性非常明确，就是为了表达设计构思，传递设计思想。因此，在学习产品速写画法时要注意准确性、简明性、实用性。要明确产品速写的意义在于用草图表达设计创意。所以在观念上一定要以设计思想的表达为目的来学习速写，而不能仅仅是绘画意义上的写意性速写表现手法。绘画形式的速写与产品设计速写在表达形式和服务对象上有着很大的区别，目的也不一样。绘画性速写重个人情绪与情感的宣泄，可以作为一种独立的画种以作品形式出现；产品设计速写是产品设计的过程，是设计草案，也是产品的雏形。所以它更加注重结构、尺寸，给以后的产品模型设计提供参考。

产品速写要求结构清晰，注重产品的三维表现，强调简约化。简约化不是简单化，形与形之间的接点和过渡必须交代清楚。也就是说，一个设计师对某一个产品的创造性构思，必定有他创新的"点"，对于这个"点"的表现是速写应该交代清楚的地方。通常有些设计师想法很好，而在速写中没有抓住重点，没有表现出自己想要说的东西，那么这个速写就失去了创意表达的价值，线条再流畅也没有意义。

产品速写对于一个设计师来说十分重要，因为速写的能力直接影响着设计师用线条语言进行的表达和记录。产品速写的学习是长期的、坚持不断的训练，这样就可以实现脑、手的协调统一，达到想得到就画得出的境界。

默写是没有写生对象而是通过记忆进行速写。要说产品速写是设计师的看家本领，这还不够完整，还要把默写也包含在其中。在美术学院的速写课程中，一般是有写生对象的速写训练。许多学生习惯性地依赖于写生对象进行速写，离开了写生对象，大脑中就一片空白，什么都画不出来了。这种情况不止在少数人身上发生，而是训练中普遍的问题。所以我们极力地提倡训练默写，培养和提高默写能力。

默写与设计师的创造性工作性质是有直接联系的，因为设计师的创造性活动就是构思世界上还没有的新产品、新形态。养成默写、默记的习惯和能力，才是一个好设计师。

2. 速写训练的要点

速写训练的方法有规律可循，我们掌握了规律，学习起来就容易得多。要画好速写，首先要掌握结构素描的基本知识。从某种意义上讲结构素描就是产品速写的慢写方式。产品速写只是表现得更加自由和简洁，工具没有限制，传递的信息更加明确、针对性更强。

在具体进行速写训练时要注意以下4个要点：

（1）由慢到快

我们说产品速写不仅指速度的快慢，而重在准确地表达对象的基本形态和特征。初学者容易把产品速写误解为产品的平面外轮廓，以为很快就完稿。实际上，速写需要敏锐的观察力和扎实的造型能力。对于写生能力不强的人来说，想快也不可能，特别是对于复杂的形象，脑子想快而手跟不上，结果外形不准确、结构松散、形象无特征。这样的速写是没有意义的。"差之毫厘，谬以千里"，准确才是核心。由慢到快是我们学习速写的第一步。

（2）由简入繁

通过一段时间的训练，掌握了基本几何图形的结构后，再由简单到繁杂地练习写生，循序渐进。在教学中，我们许多同学喜欢画汽车、摩托车，而不喜欢画日常产品和小家电，最后总是"事倍功半"。原因在于我们不了解汽车、摩托车这样复杂产品的结构，控制不住它的整体关系和多个部分的结构关系。所以从简单的产品画起才是正确的学习方法。

（3）由外到内

产品速写应该进行由外到内的训练和表现。首先抓产品的外部形态特征，把握整体，强调结点，特别是形与形过渡交接的体积关系，要准确无误，这是产品的形态精神。速写学习中往往容易出现产品形象无力、软绵绵的、模棱两可的现象，这些问题在学习中要加以克服。有了外部形态的表现能力后，就可以练习内部细节的表现。可以采用局部剖面把内部的结构、零部件表现在一张图中，注意艺术性的处理，要内外清晰、目的明确。

（4）主次分明

产品速写有一个鲜明的特征，就是简约化。要做到简约，就必须主次分明。主要的就不能简，如产品的创新"点"、与同类产品相比有个性的地方、产品的结点处等都不能简单处理。次要的地方如没有结构转折、没有变化的线段、次要的部件和平面化的纹饰等都可以简单地表现。主要部分强调，次要部分弱化，这样速写的表现力就大大地张扬出来了。

3. 速写的方法步骤

一般情况下，产品速写可以按下列步骤进行：

（1）选择最佳的产品视角。一般为可视三个面的角度，或放置于视平线以下，或放置于视平线以上，如果置于视平线中间位置就可能仅可视二个面，这样表现力就会降低。由此可知，选择最能表现产品特征的视觉角度是重要的。

（2）构图的规划。把要表现的对象在速写纸上安排好位置，其大小、上下、左右、重心均先计划好，然后动笔。大形入手，长线入手，先抓住主要的结构。

（3）强调透视。对于产品速写来说透视极其重要，每一条线，每一个面都必须严格遵循透视规律，因为人们对产品结构最熟悉、最敏感。透视的错误一般人都看得出来。它不同于人物速写，人物速写允许艺术的夸张，像不像不是唯一的目的。但产品速写不能"指鹿为马"，一定要忠实于对象。透视准确是速写表现力的基础。

（4）整体把握，画龙点睛。当大的形体画出后，细节部分就起着画龙点睛的作用。一般来讲，点睛的位置应该放在成角透视的最前面的线段中，也就是靠近产品前面的地方，要求具有准确的形和富有表现力的线条（见图5.3）。

4. 默写训练的要点和方法步骤

默写就是把观察到的形象凭记忆画出来，又称记忆速写，是培养设计师形象记忆力、想象力、观察力、概括力的有效途径。不仅如此，默写还反映设计师的创造能力。创造是从无到有的过程，是没有对象可参考的，创造性的表现要求

设计师默写能力必须达到相应的水准。

（1）根据写生的对象来默写。写生过程中对对象进行观察、认识和描绘，必然在大脑里留有记忆，要练习把记忆中的形象默写出来。初学者不能默写出完整的对象时，可以反复观察对象，然后进行默写的补充。见图5.4。

（2）用多种训练方法进行默写。先对产品做尺寸比例的数字记录，然后根据记录默写出产品形象。在教学实践中许多工科学生都可以通过这样的训练达到默写的要求。初学默写时可以先画

步骤二

步骤三

步骤一

图5.3　吉普车

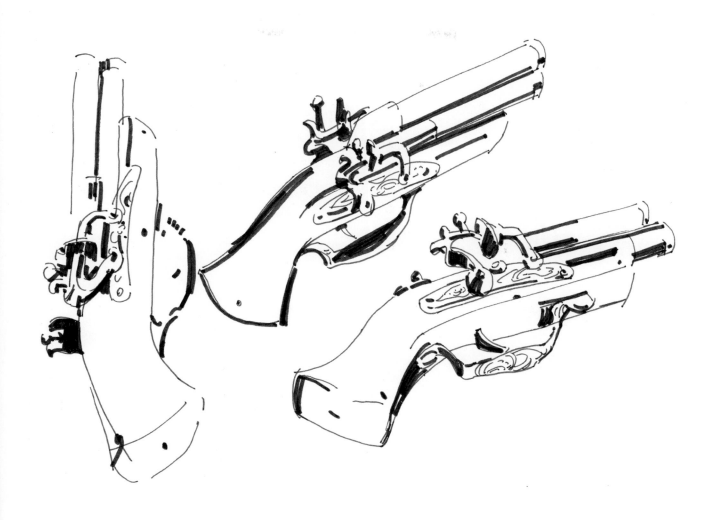

图5.4　根据写生记忆，从不同的角度默写对象

一张有对象的写生，然后默写一张。也可以变化角度，通过理解来默写。比如将对象置于视平线以下，但我们实际默写时可以将其画在视平线以上。

（3）把平面的图像转化为立体的、三维的速写。如以平面的产品照片作为参考的形，然后默写出立体的、三维的速写，这样的练习会大大提高默写能力。

（4）创作性的默写。构思一个产品形态，通过想象，从不同角度来表现。

三、彩色产品手绘训练案例

带有色彩的产品手绘效果图，可以用同一类颜色来画，如马克笔、水彩色等，但更多的时候为了效果能更好地表达产品的真实面貌（形态、结构、质感），需要多种颜料或工具综合运用。下面用一系列实例来介绍。

1. 数码相机的手绘案例

使用的工具材料有签字笔或其他水笔、马克笔（油性）、色粉笔、爽身粉、脱脂棉花、遮挡纸等。

整个手绘过程共有七步，下面分步完成。

第一步，用签字笔画出相机的速写稿，注意机身的长方体的透视和镜头的圆柱形的透视关系要画准确，镜头按钮等细节不能太潦草，要精准（见图5.5）。

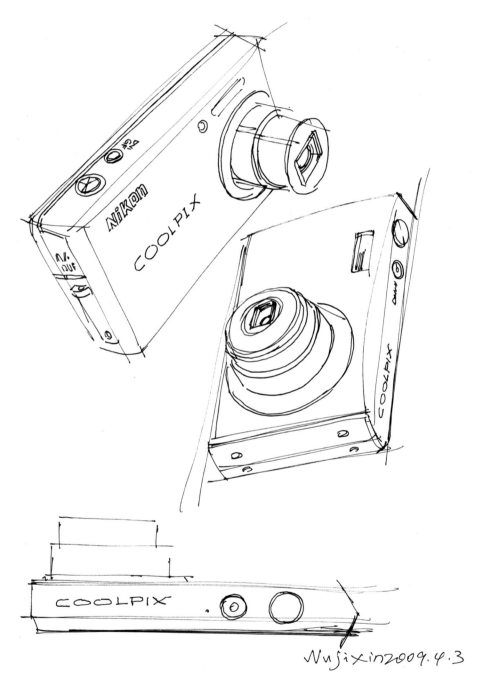

图5.5 相机速写稿

第二步，用淡灰色、淡紫灰色马克笔画出相机的基本体积感和金属感（见图5.6）。

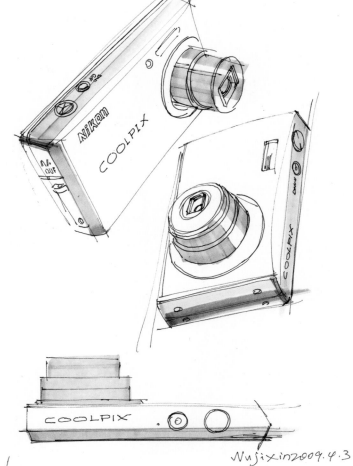

图5.6　画出相机基本的体积感和金属感

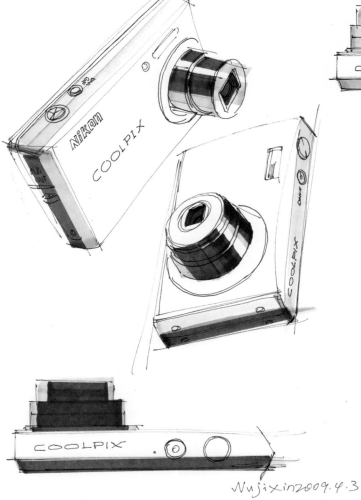

图5.7　画出相机中间色调

第三步，用深灰色进一步画出镜头和机身明暗关系中的中间色调，注意镜头是圆柱形的，机身是长方体的，它们的区别是明显的，高光要事先留出来（见图5.7）。

第四步，再用黑色的马克笔画出镜头的暗部和其他部件的细节。这样，看上去已经有黑、灰、紫灰三个基本调子了，体积感、光亮感、质感都有了（见图5.8）。

图5.8 画出镜头暗部和其他部件细节

第五步，用告示贴作为遮挡纸，把有粘胶的一边贴在需要遮挡的部位，留出要画的部位。

刮下中黄色和橘黄色粉笔末，再用棉花蘸爽身份调和，先画淡的，再画深色的，直到过渡均匀自然为止（见图5.9）。

图5.9　相机画色之一

第六步，同样的方法画出第二个相机的金黄色机身，画完把告示贴撕掉（见图5.10）。

图5.10　相机画色之二

第七步，调整完成，这一步要画龙点睛，把细节、精彩处画好，如镜头上的高光、按钮等细节（见图5.11）。

图5.11　相机手绘调整完成

2. 不锈钢水龙头的手绘案例

使用的工具材料有签字笔或其他水性笔、马克笔、色粉笔、爽身粉、脱脂棉花等。

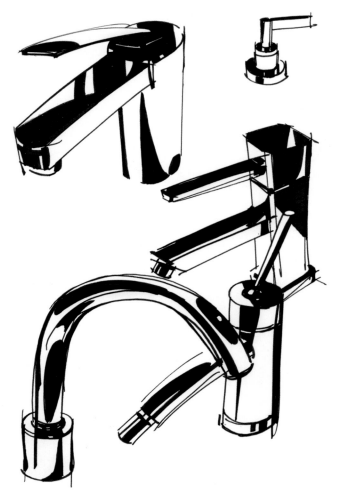

图5.12　不锈钢水龙头轮廓及光影处理

整个手绘过程共有四步，下面分步完成。

第一步，用签字笔勾勒出坚挺有力的水龙头轮廓线，直线要挺，曲线要有弹性。再用黑色马克笔画出不锈钢龙头强烈的黑白光影效果，这时候虽然没有色彩，但水龙头的质感已经跃然纸上。这种大块的黑，也是和形态体积有密切关系的（见图5.12）。方的和圆的形体产生的暗部以及环境的反射效果不尽相同。

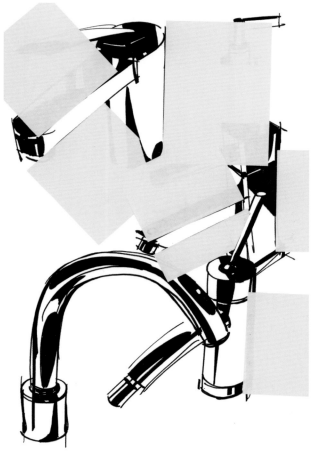

第二步，不锈钢对环境色是非常敏感的，它本身不具有颜色，但呈现在它身上的色彩千变万化。这是因为光源或周围环境的任何色彩都会投射到不锈钢产品上形成强烈的反射。接下来把告示贴粘好，留出上色的部位来（见图5.13）。

图5.13　水龙头画色准备

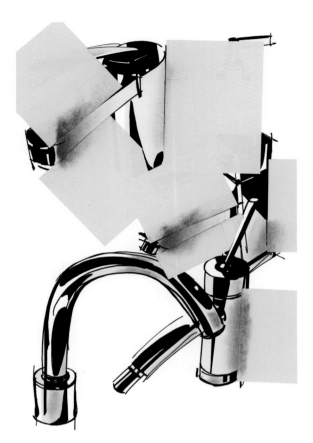

第三步，刮下深蓝、天蓝或绿色粉笔，用棉花蘸爽身粉调和，由深到淡或由淡到深都可以，轻轻地擦拭，注意过渡要自然细腻（见图5.14）。

图5.14　水龙头画色

第四步，揭开遮挡纸，做进一步的调整和细节刻画（见图5.15）。

图5.15　水龙头手绘调整完成

3. 玻璃水瓶及迷你时钟手绘案例

瓶子和时钟表面都是透明的、坚硬的、易碎的玻璃；不同的是，瓶身是较厚的玻璃，且颜色是蓝色的，而时钟的显示屏是透明的无色玻璃。绘画前对产品的认识一定要清晰，这样才能选择不同的表现方法来正确地表达它们的属性。

使用的工具材料有铅笔、马克笔、色粉笔等。

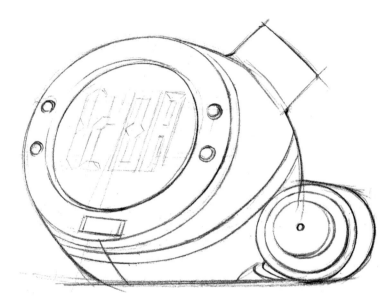

整个手绘过程共有三步，下面分步完成。

第一步，用2B铅笔画出正确的稿子，注意圆柱体和球体的透视关系。显示屏上的数字也要做透视处理，它和显示屏幕的倾斜方向是一致的。还有瓶身是球形的，注水口又是圆柱形的。这些复杂的形态变化和关系转换使得其造型独特可爱。见图5.16。

图5.16 玻璃水瓶及迷你时钟速写稿

图5.17 玻璃水瓶及迷你时钟画色

第二步，用三种色系，从浅到深（粉绿、浅蓝到深蓝）的水性马克笔画出瓶子的立体感和注水口圆柱形的立体感。用浅咖啡色和深赭色画出时钟的玻璃屏幕，两种颜色界限分明，恰当地表达了玻璃的透明属性。由于玻璃屏幕是圆形的，又要用笔干脆坚挺，这就有一定的难度，不注意可能就把颜色画出圆圈外，这是要绝对避免的。方法是先把圆圈内线用深赭色线条描绘得粗一些。左侧又是暗部，可用黑色把面积画大一些。在此基础上，画的时候两端小心地做适当的遮挡。见图5.17。

第三步，做深入的细节刻画，如时钟面板外圈的金属质感，就是用色粉笔涂擦出来的。按钮、瓶子和屏幕的高光可用白色记号笔或水粉色画出来。见图5.18。

图5.18　玻璃水瓶和迷你时钟手绘调整完成

4. 铝合金转椅的手绘案例

随着科技和材料发展，产品设计可选用的新材料不断出现，比如铝合金材质要比钢铁轻，但牢固度也不差。因此，像家具等也开始运用这种轻质的金属材料。下面这一款椅子的金属部分就是用的铝合金材料。

整个手绘过程共有四步，下面分步完成。

第一步，使用签字笔轻松、流畅、快速、准确地画好速写稿子，形态、结构、比例、透视要画准确。尤其是要注意四条腿的四个点相连，就是一个方形的正确透视状态（见图5.19）。

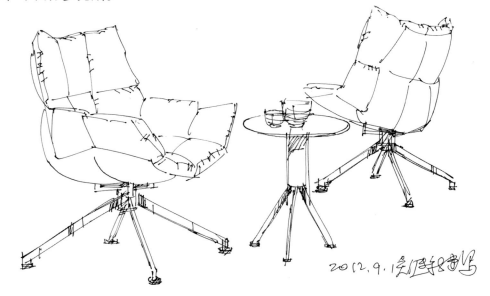

图5.19　铝合金转椅的速写稿

第二步，用马克笔画出转椅的基本体积感，注意茶几的玻璃和铝合金转椅脚，用笔不要处处涂死，必须要留有空白，表达的是有光泽度和透明度（见图5.20）。

图5.20　画出转椅的基本体积感和玻璃、金属腿的质感

第三步，用天蓝色马克笔，进一步画出座椅蓝色面料的丰富体积感和质感，坐垫部分要留有空白，反映的是高光，让人感觉处在阳光充足的环境下。茶几、茶杯和金属部件的体积感和质感要加强，暗部要深下去。尤其要注意这种金属材料具有很高的光泽度，会形成黑白对比十分强烈的质感（见图5.21）。

图5.21　深入刻画明暗和质感

第四步，用深蓝色马克笔，画出坐垫、靠垫的主色调。这块颜色一画出来，画面就出现了更加明亮的对比效果。加上座椅的投影和黄色的地面衬托，一件现代感很强的新产品跃然纸上（见图5.22）。

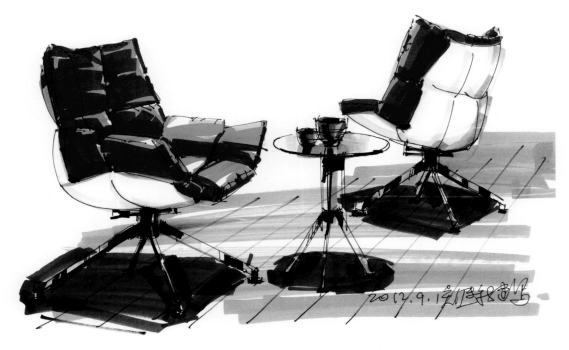

图5.22　调整完成的转椅

5. 望远镜的手绘案例

色粉笔在表现圆柱、球形以及光洁度很高的镜面、不锈钢等材质方面具有独特的效果，它能更好地表现丰富的明暗层次和细腻的渐变效果。另外，它表现朦胧的效果也是马克笔无法启及的。下面这一款望远镜产品，就是以色粉笔为主配合马克笔绘制而成。

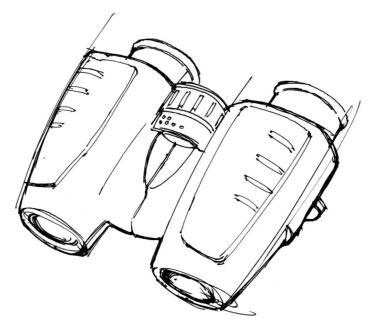

整个手绘过程共有四步，下面分步完成。

第一步，用签字笔以速写的方式画好稿子，尽管是速写，但形态、结构、透视、比例一定要准确，尤其是镜头的圆口透视要画正确（见图5.23）。

图5.23　望远镜速写稿

第二步，用化妆棉将蓝色和紫红色色粉笔适当调和，在望远镜圆柱状的中间位置涂擦，中间部分颜色深一点，两边浅一点，高光部分尽可能预留出来。上色的本意就是用色彩去表达产品的体积感和质感。

图5.24　用色粉笔画出望远镜圆柱体的体积感

第三步，选用湖蓝、深蓝色系列的马克笔进一步刻画望远镜的体积感。色粉笔的作用是画出大的明暗关系，一些细节则不宜用色粉笔表达，深入刻画细节是马克笔可以做到的。这一步的重点是根据圆柱体的体积特征把圆柱体表达得更加细腻光洁，有光感和质感。取景口、调节旋钮等细部作深入的刻画。马克笔的用笔是顺着柱形方向，一笔解决一个明暗过渡面。用笔要一笔一笔画到头，不要在中间停顿下来。中间停顿会产生笔触，留下水迹，破坏其形态。

图5.25　用马克笔深入刻画体积感和质感

第四步，用马克笔和高光笔深入刻画细部，如旋钮上的刻度、取景窗、镜头、望远镜手持部分的橡胶厚度，用高光笔点出最亮的高光。用橡皮把画到外面的色粉擦掉，最后用咖啡色马克笔画出投影。这种颜色的投影，不是实际发生的投影，而是用一个暖调子衬托望远镜。试想，如果用黑色画投影会怎样？

图5.26　刻画细节，画出高光和投影

6. 灰色卡纸数码产品手绘案例

利用各种色卡纸来画效果图，具有不同寻常的效果，其主要方法是借用色卡纸的颜色替代产品的固有色（中间色调）。亮色部分用白色水粉提亮，暗色部分加同色，效果就出来了。

使用的工具材料有灰卡纸、水笔、马克笔、白色水粉、色粉笔。

图5.27　数码产品速写稿及投影和高光处理

整个手绘过程共有四步，下面分步完成。

第一步，用水笔或签字笔画出黑白稿子，要求把形态、结构、透视、比例、部件细节刻画准确。投影用黑色马克笔画出，高光部分用白色水粉颜料精细准确地刻画出。见图5.27。

图5.28　画出数码产品中间色调和暗部

　　第二步，用灰色系列黑色马克笔，画出数码摄像机、照相机的中间色调和暗部，重点是摄像机的镜头、闪光灯、菜单按键及操控部件的细节（见图5.28）。

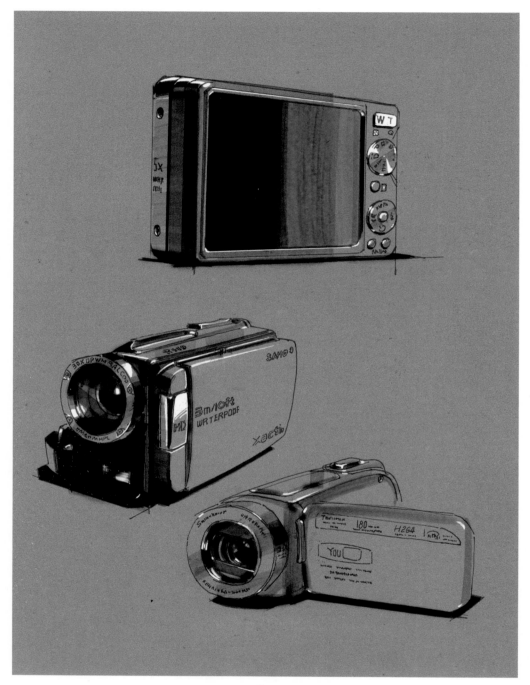

图5.29　数码产品画色

　　第三步，用赭石色或咖啡色粉笔根据摄像机的形态和明暗规律直接擦涂（用手指擦涂），注意不是平涂；用白色粉笔直接画出高光附近靠近产品上半部分的亮部光感；数码相机的液晶屏幕用白色水粉提亮（要用遮挡纸），注意从亮到暗的自然过渡（见图5.29）。

图5.30　数码产品调整完成

第四步，最后是调整和细节的深入刻画（见图5.30）。

7. 手机的手绘案例

消费的个性化是开发商和设计师不断创造新产品的动力，所以手机的造型设计要满足消费者不断求新、求变的心理需求。热销的手机往往是外观新颖独特的，其功能有时候受到时尚潮流的冲击而退居二线。

手机是小产品，但小而精。手机的形态总不外乎在长方体中求变化。可以说是在方寸之间，对比例、构造上的安排作丝丝计较。虽然说创新不容易，但魅力无穷。

使用的工具材料有签字笔或水笔、马克笔等。

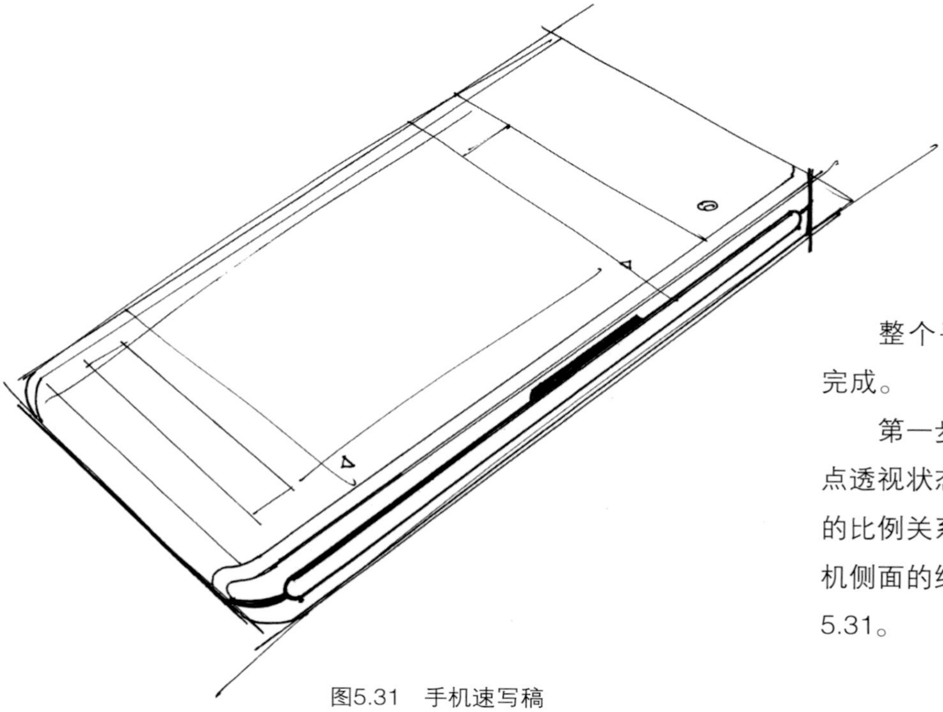

整个手绘过程共有四步，分步完成。

第一步，画出手机的基本形（两点透视状态），手机面板功能区之间的比例关系、透视关系要画准确。手机侧面的结构等要清晰、明确。见图5.31。

图5.31　手机速写稿

第二步，画出手机的厚度、立体感以及面板的功能区分割，用灰色和黑色马克笔初步画出明暗和投影（见5.32）。

注意划分面板功能区的线条要符合长方形两点透视规律，且线条要挺括流畅，不能拖泥带水。

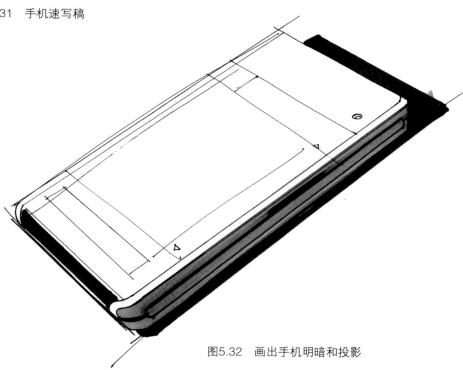

图5.32　画出手机明暗和投影

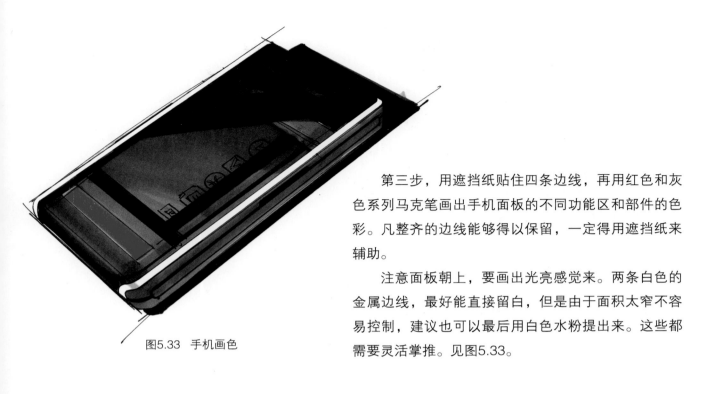

图5.33 手机画色

第三步，用遮挡纸贴住四条边线，再用红色和灰色系列马克笔画出手机面板的不同功能区和部件的色彩。凡整齐的边线能够得以保留，一定得用遮挡纸来辅助。

注意面板朝上，要画出光亮感觉来。两条白色的金属边线，最好能直接留白，但是由于面积太窄不容易控制，建议也可以最后用白色水粉提出来。这些都需要灵活掌推。见图5.33。

第四步，深入刻画细节，如商标文字、功能菜单等（见图5.34）。

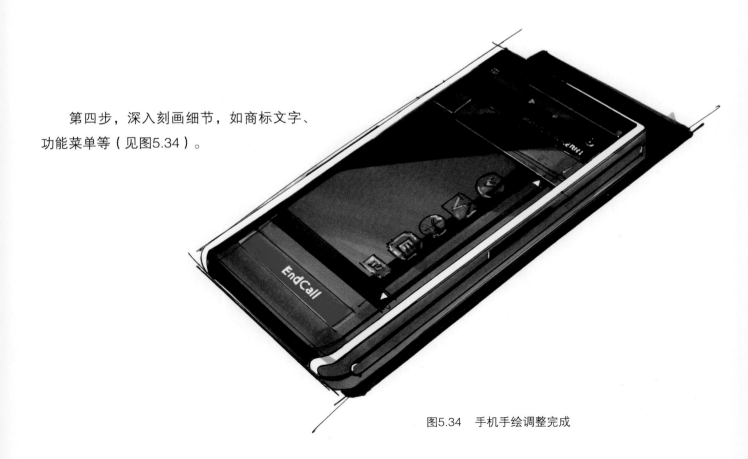

图5.34 手机手绘调整完成

8. 电板充电器的手绘案例

充电器都是用绝缘材料做的，外壳大多用塑料制成。

整个手绘过程共有三步，下面分步完成。

使用工具有签字笔、马克笔、色粉笔和高光笔。

整个手绘过程共有四步，下面分步完成。

第一步，用签字笔画好充电器的稿子，注意，这是个长方体的透视，电板接口和可收缩的插头等细节的透视都要严格画准确。产品上所有部件是什么功能、在哪个部位都要明确交代（见图5.35）。这是设计师必须具备的职业习惯。

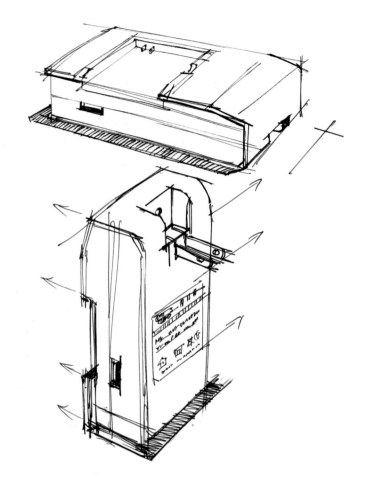

图5.35　充电器的钢笔速写稿

第二步，用灰色马克笔，画出充电器的基本体积感，设想光源是从斜上方照射下来的。长方体通常情况下能够看到三个面，那么我们可以设想成黑、白、灰三个层次，"黑"指的是暗部和投影，"白"指的是高光或者画面最亮的部位，"灰"指的是受光面面的中间色。

从这个产品案例看，体积朝上的面一般是直接受光面，垂直的两个面，一个是暗部一个是顺光面（中间调子）。有了这样的基本概念，一个长方体就很容易表达出它的体积感（见图5.36）。

图5.36　用灰色马克笔画出暗部

第三步，用化妆棉、爽身粉调和刀片刮下来的淡绿、土黄色的色粉。根据明暗深浅的需要垂直涂擦出有一定明暗变化的中间色调。注意，上面那个充电器的上部是受光面，涂擦时垂直上下擦，要淡而有些空白，给人有倒影的感觉，表达出产品具有一定的光洁度。

下面那个充电器是垂直摆放的，右侧应该是顺光面（灰调子）。顶端的画法与上面那个充电器是相同的（见图5.37）。

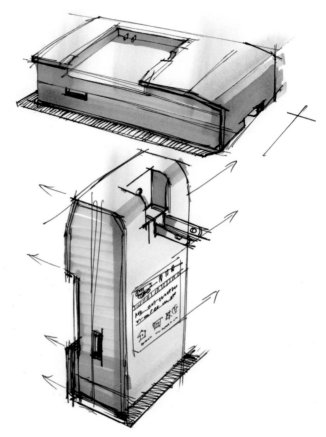

图5.37　用色粉笔涂擦出充电器的中间色和高光部

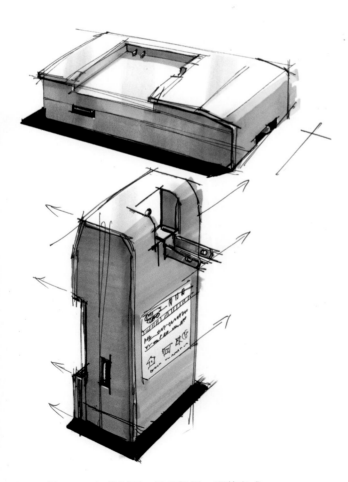

图5.38　细节刻画，画出投影，调整完成

第四步，用橡皮擦掉溢出画面以外的色粉，高光部分也可用橡皮擦出来。垂直那个充电器的右侧面（顺光面）再用浅灰色马克笔加深一点点。

用黄色马克笔把铜插头的画出来，再用高光笔把细部有些高光画出来（如USB接口处）。最后用黑色马克笔画出投影（见图5.38)。

9. 数码相机、摄像机手绘案例

使用的工具材料有钢笔（签字笔）、色粉笔、爽身粉、马克笔等。

整个手绘过程共有四步，下面分步完成。

第一步，钢笔勾线，要确保产品的比例、结构、透视及重要的零部件，包括文字商标等都要画准确。线条轻松、流畅、肯定，尤其是各种角度的镜头透视要画准。见图5.39。

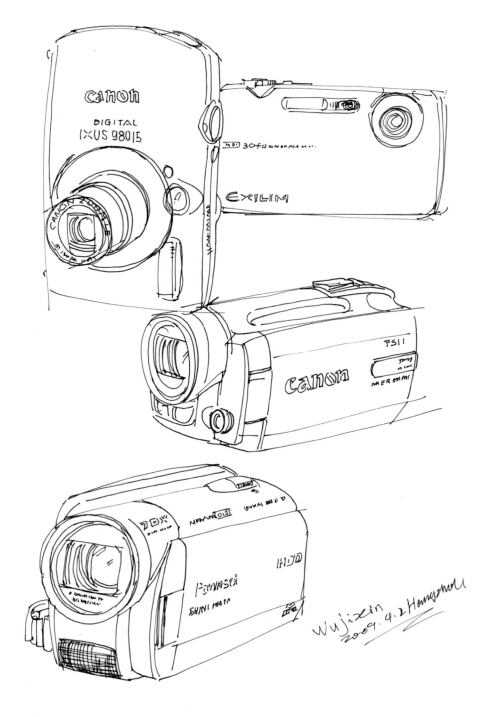

图5.39　数码相机、摄像机速写稿

第二步，用水性马克笔（红色、紫罗兰色、灰色）画出两个相机的亮部基本色调，色彩要干净鲜艳；用灰色和黑色系列画出中间的摄像机的基本色调和立体感，包括投影；用蓝色和紫色粉笔末蘸爽身粉在下面一个摄像机突出的弧形部位上渲染出淡淡的过渡色，立体感就跃然纸上了。见图5.40。

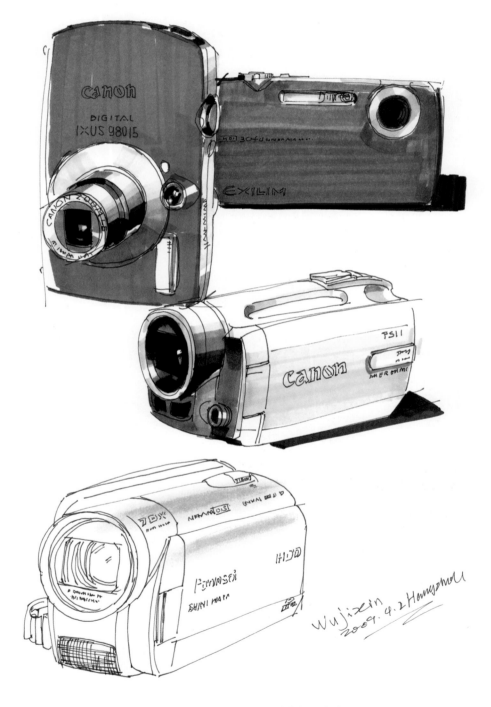

图5.40　数码相机、摄像机画色之一

图5.41　数码相机、摄像机画色之二

　　第三步，用粉红色系列马克笔和咖啡色系列马克笔，继续画出下面一个摄像机外观色彩；用灰色、黑色和咖啡色系列马克笔画出摄像机的镜头、麦克风、带扣和镜头下方的暗部。

　　注意，所有镜头内的玻璃镜头都有高光，要准确留出来。见图5.41。

图5.42　数码相机、摄像机手绘调整完成

第四步，最后把四个产品综合地浏览一遍，加强细节的刻画，特别是镜头、按钮、闪光灯等关键部件的点睛作用要十分在意，高光的地方要加强，质感要做深入的描绘（见图5.42）。

10. 珠宝首饰的手绘案例

使用的工具材料有铅笔、彩色铅笔、水粉色等。

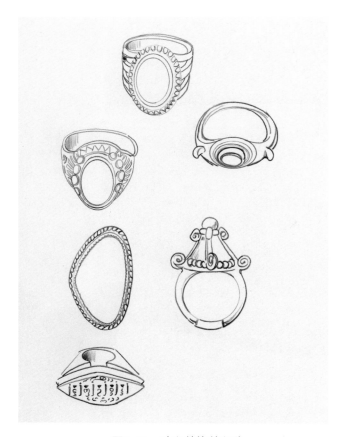

图5.43　珠宝首饰单色稿

整个手绘过程共有五步，下面分步完成。

第一步，用咖啡色彩色铅笔，画好线描稿，结构、比例、透视要清晰、准确。细节要交代清楚。珠宝首饰是很精致的，其造型、图形、文饰都是精心设计的。单色稿中局部略加些阴影。见图5.43。

第二步，用灰色彩色铅笔系列画银首饰明暗关系；用咖啡色铅笔画金首饰的明暗关系；用灰色和咖啡色铅笔画玉石的纹路（见图5.44）。

图5.44　珠宝首饰画色之一

图5.45 珠宝首饰画色之二

第三步，用淡草绿色铅笔铺玉石的基本色调（明亮部分），用笔轻松，留出高光；用橘红色铅笔画红宝石（高光预留）；用淡黄、中黄彩色铅笔画金戒指的亮部（同样高光要预留好）（见图5.45）。

图5.46 珠宝首饰刻画细节

第四步，深入刻画细部，玉石丰富的色彩关系用彩铅由淡到深画出不同的层次和明暗来，既要注意色彩的变化，又要把握好明暗关系，尤其要注意玉石细腻、光滑、透明的质感（见图5.46）。

图5.47　珠宝首饰手绘调整完成

　　第五步，画龙点睛、调整完成。用白色水粉颜料把所有戒指的高光画好，局部的细节、造型特征要清晰，总之，最后的调整必须达到精益求精（见图5.47）。

11. 木工刨子的手绘案例

使用的工具材料有马克笔、钢笔（签字笔）、色粉笔、爽身粉、脱脂棉花、遮挡纸。

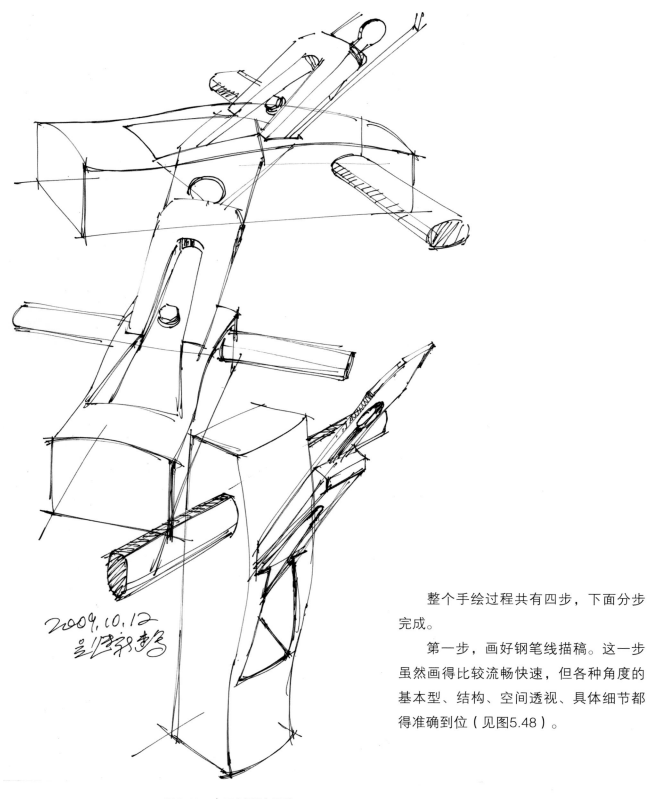

整个手绘过程共有四步，下面分步完成。

第一步，画好钢笔线描稿。这一步虽然画得比较流畅快速，但各种角度的基本型、结构、空间透视、具体细节都得准确到位（见图5.48）。

图5.48　木工刨子速写稿

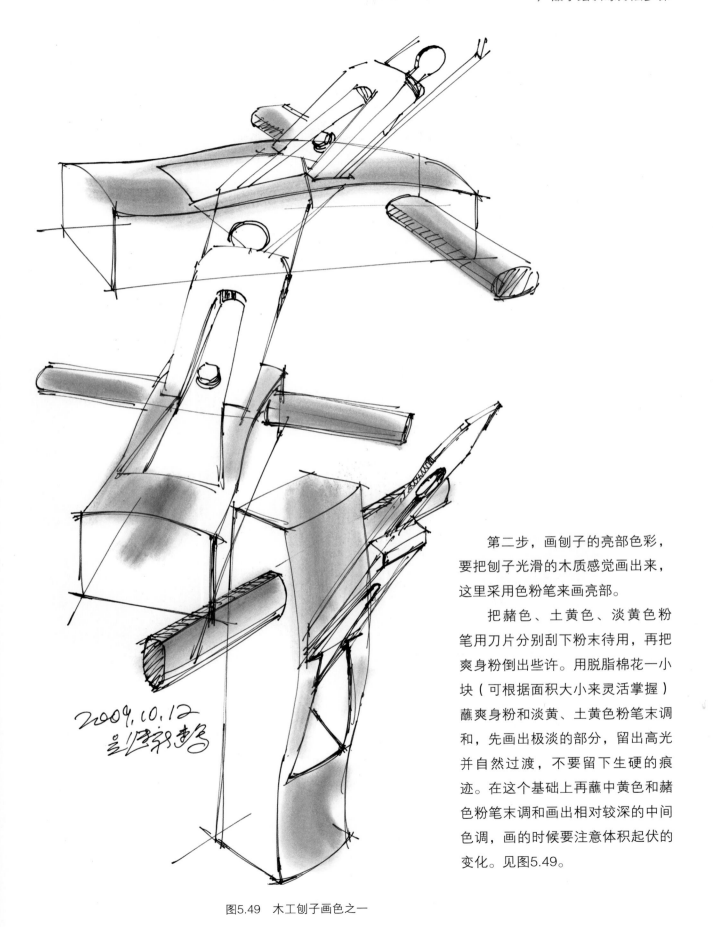

第二步，画刨子的亮部色彩，要把刨子光滑的木质感觉画出来，这里采用色粉笔来画亮部。

把赭色、土黄色、淡黄色粉笔用刀片分别刮下粉末待用，再把爽身粉倒出些许。用脱脂棉花一小块（可根据面积大小来灵活掌握）蘸爽身粉和淡黄、土黄色粉笔末调和，先画出极淡的部分，留出高光并自然过渡，不要留下生硬的痕迹。在这个基础上再蘸中黄色和赭色粉笔末调和画出相对较深的中间色调，画的时候要注意体积起伏的变化。见图5.49。

图5.49　木工刨子画色之一

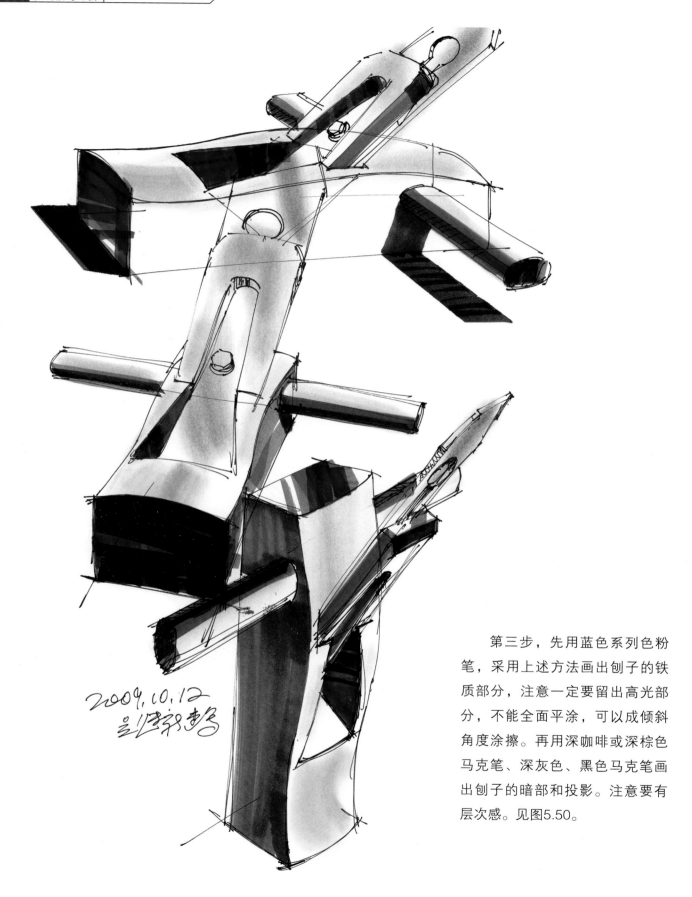

第三步，先用蓝色系列色粉笔，采用上述方法画出刨子的铁质部分，注意一定要留出高光部分，不能全面平涂，可以成倾斜角度涂擦。再用深咖啡或深棕色马克笔、深灰色、黑色马克笔画出刨子的暗部和投影。注意要有层次感。见图5.50。

图5.50　木工刨子画色之二

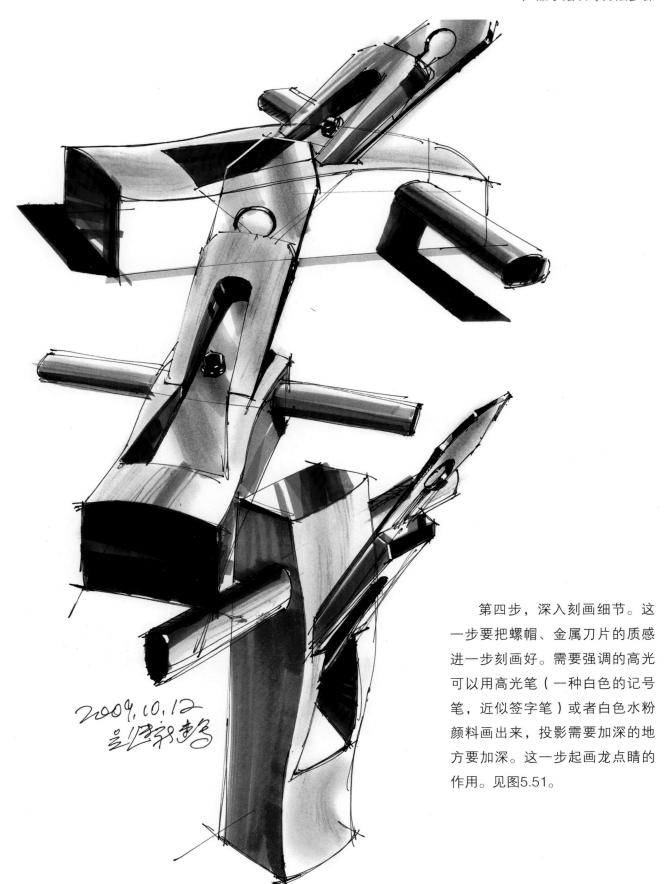

第四步，深入刻画细节。这一步要把螺帽、金属刀片的质感进一步刻画好。需要强调的高光可以用高光笔（一种白色的记号笔，近似签字笔）或者白色水粉颜料画出来，投影需要加深的地方要加深。这一步起画龙点睛的作用。见图5.51。

图5.51　木工刨子手绘调整完成

12. 电吹风机的手绘案例

这是一张有一定黑白体积感的速写，在这个基础上上颜色，步骤相对就简单一些了。
使用的工具材料有马克笔、色粉笔、爽身粉、脱脂棉花、遮挡纸（告示贴）。

整个手绘过程分两步完成。

第一步，画出钢笔速写的线描稿，在这个基础上再用灰色系列和黑色马克笔画出大的体积感、层次感，包括投影。这样一幅速写，即使不上颜色也是比较完整、耐看的作品了。见图5.52。

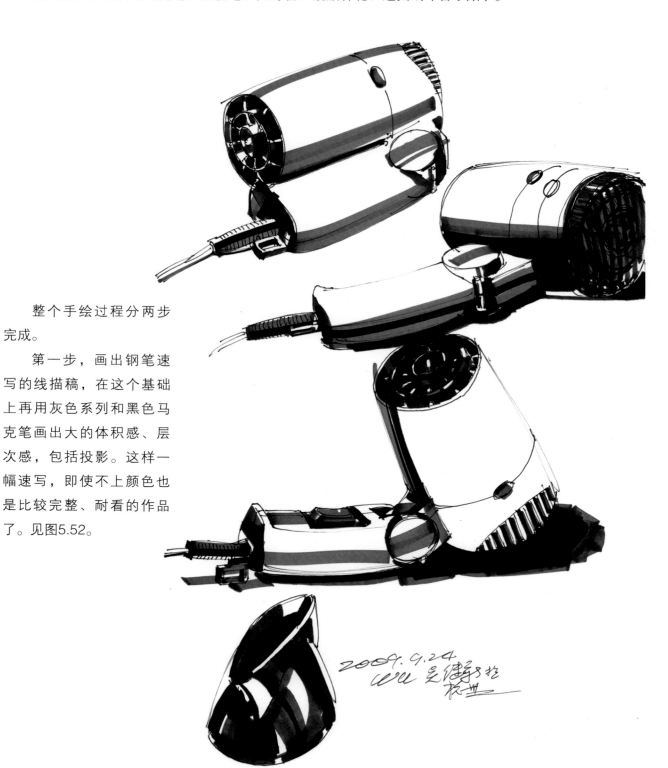

图5.52　电吹风速写稿

第二步，把蓝色、绿色、玫瑰红系列色粉笔用刀片刮下粉末备用，用告示贴遮住不上色的部分。再用棉花蘸爽身粉分别和蓝色、绿色、玫瑰红色粉笔末调和，分别画出三个不同颜色的吹风机身。

吹风机是圆筒形的，色彩过渡要从深到淡十分自然。方法是先调和好比较深的颜色从告示贴的纸边涂擦，再蘸爽身粉把颜色调淡逐渐向亮部轻轻过渡并和高光完全自然连接。画得满意了再把告示贴揭掉。有些地方的体积需要强调的，不适合色粉笔画的地方可以用马克笔去表达，如红色电吹风机的手柄部分（见图5.53）。

图5.53　电吹风画色、完成

13. 钢管椅子的手绘案例

一般情况下，一件产品总会有两个以上的材料制作加工而成。因此表现不同材质的质感就成为我们必须掌握的技能。

这是一张皮革金属管椅子，主要材质是皮革和铁管。皮革要呈现它的光泽度，铁管要体现坚硬感。使用的工具有签字笔、马克笔、高光笔。

第一步，用签字笔画出椅子的速写稿。椅子的构造（包括螺丝），比例、透视都要严格要求，准确无误（见图5.54）。

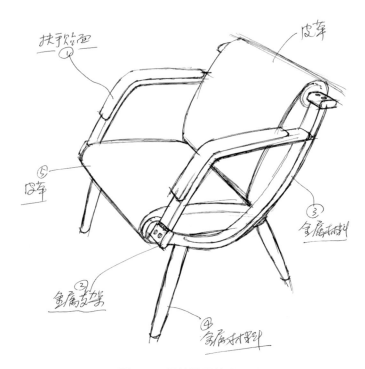

图5.54　钢管椅子的速写稿

第二步，用马克笔画出椅面和靠背的立体感以及黑红两种皮革的面料质感。注意留出高光的部位正是面与面转折交界的地方。见图中扶手红色软垫的交界处和坐垫的转折处。

椅子钢管部分银灰色的金属色也不要平涂，留有一些空白便于表现光亮度（见图5.55）。

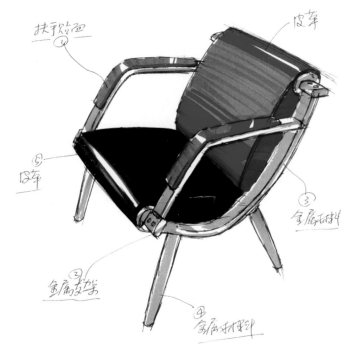

图5.55　钢管椅子上色步骤之一

第三步，用深灰和深蓝色马克笔画出钢管椅子的圆柱形椅子腿，柱形的椅子腿是圆柱体积，上色方法最常用的是中间部分颜色深，轮廓边缘颜色淡或者留白（见图5.56）。

图5.56　钢管椅子上色步骤二，钢管部分刻画

第四步，局部的调整和细节的刻画 。用高光笔把金属部分、皮革部分和体积转折部分的高光画出来（见图5.57）。

图 5.57　钢管椅子手绘调整完成

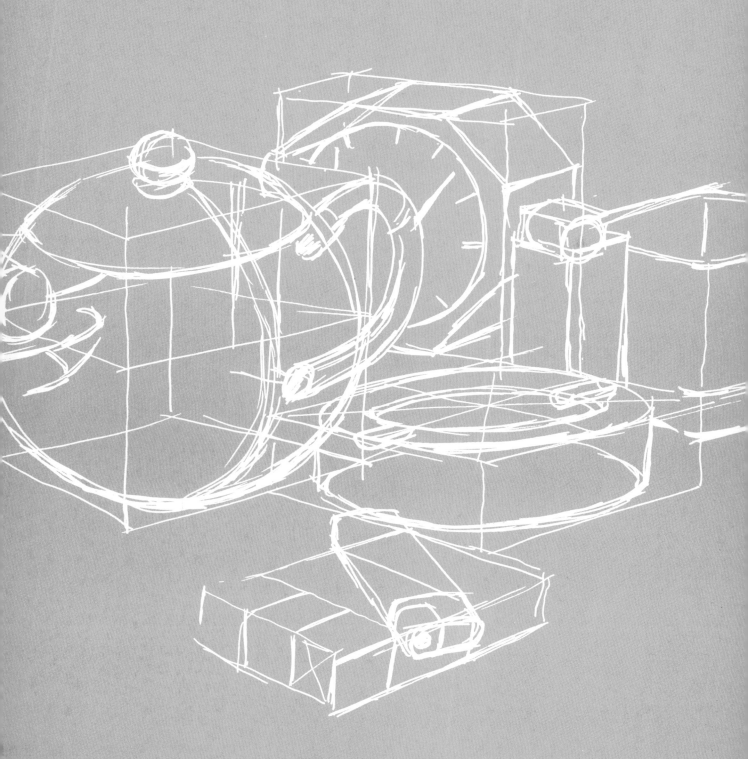

第6章

产品手绘作品示例

CHANPIN SHOUHUI ZUOPIN SHILI

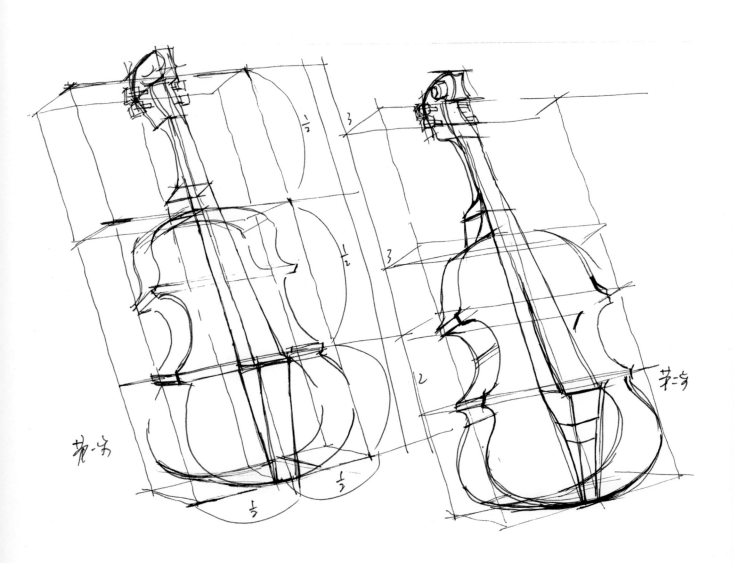

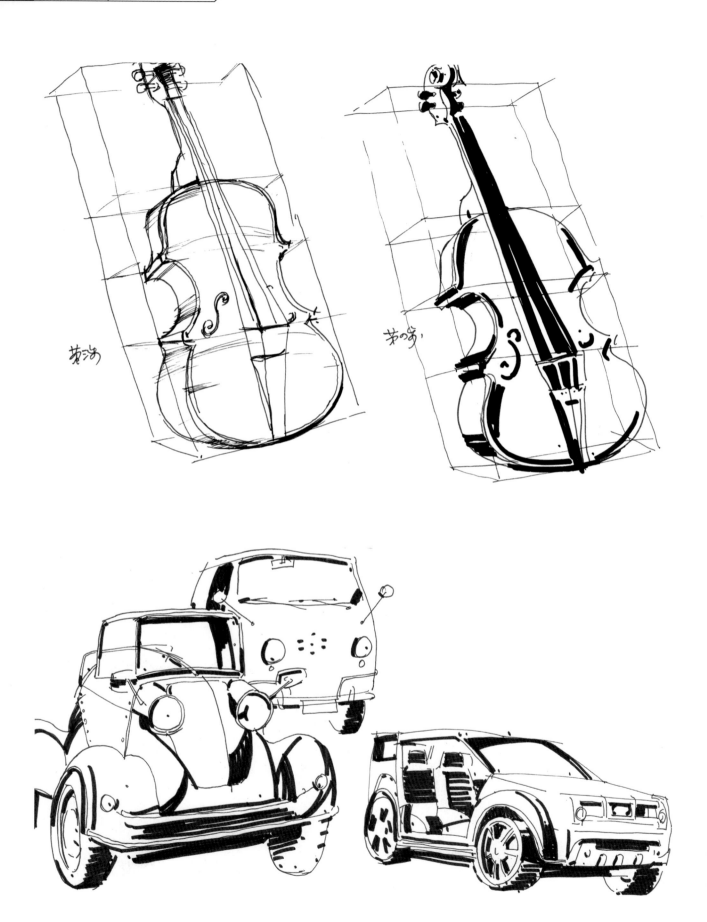

2012.2.29 吴继郭画于杭州
中国美术学院 wu

兰博基尼跑车
2011.3.9 wujixin

2012.5.22
wujixin

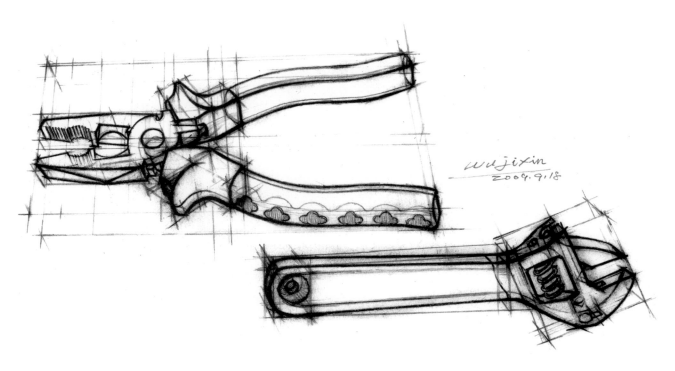

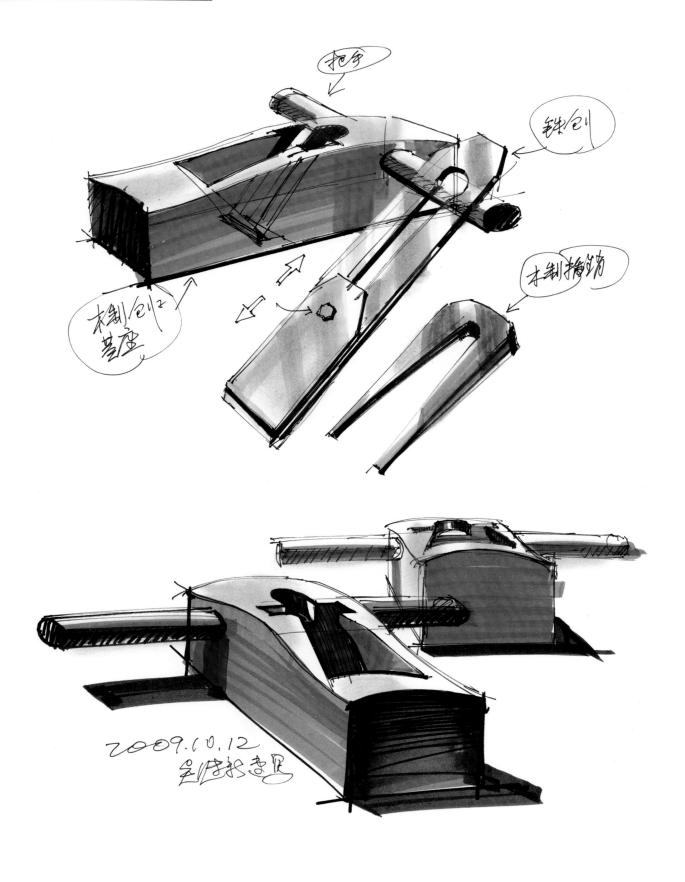

2012.4.6 wujixin
采红镜钱

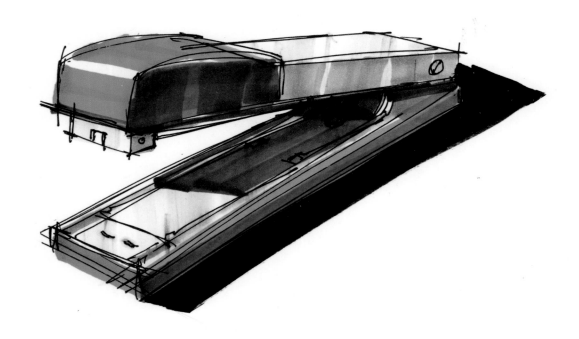

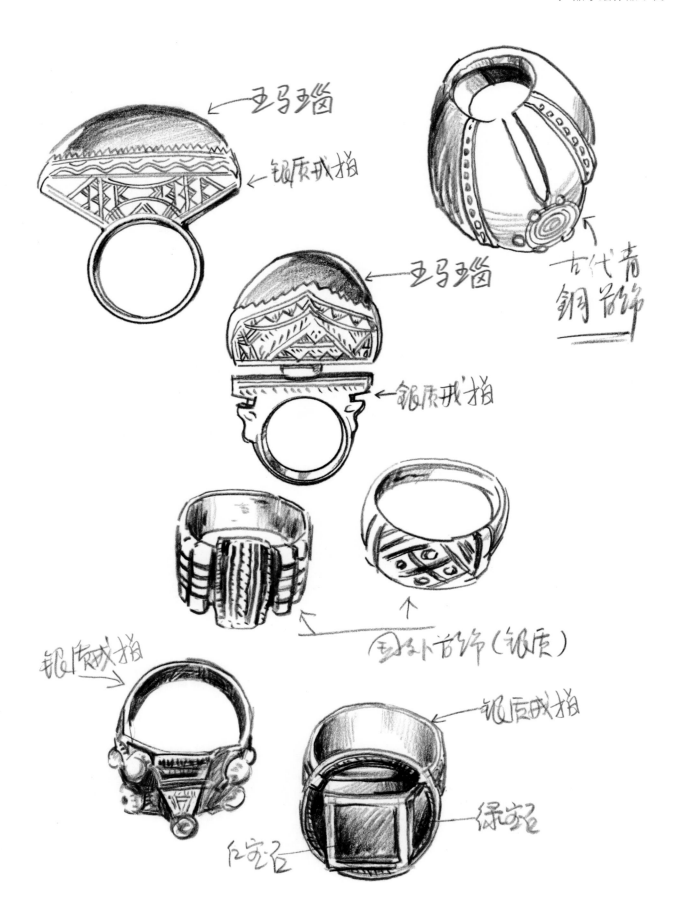

玉玛瑙

←银质戒指

古代青铜节饰

玉玛瑙

←银质戒指

国外节饰（银质）

银质戒指

银质戒指

红宝石

绿宝石

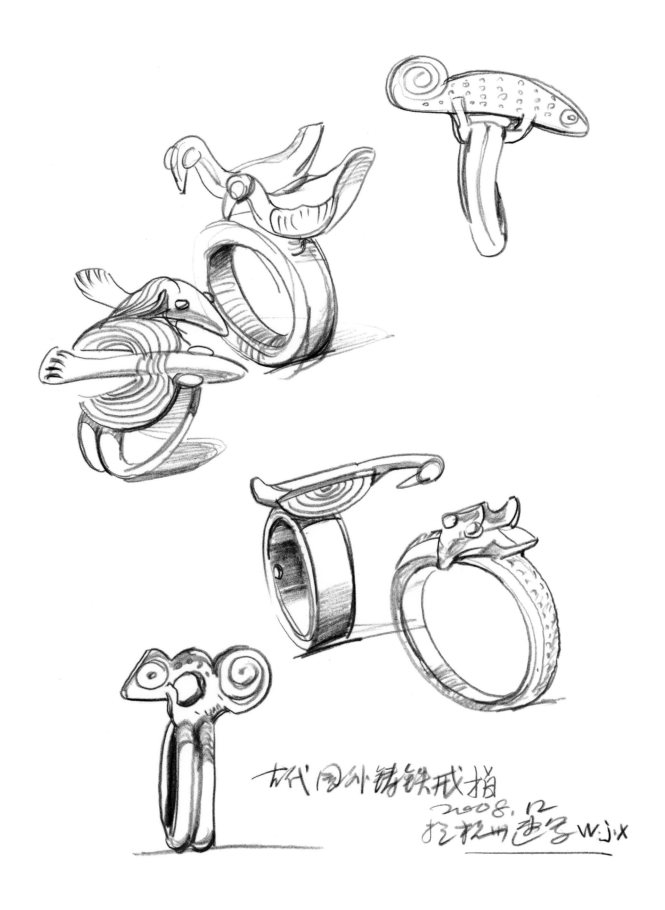

古代国外铸铁戒指
2008.12
在杭州画室 W.j.x

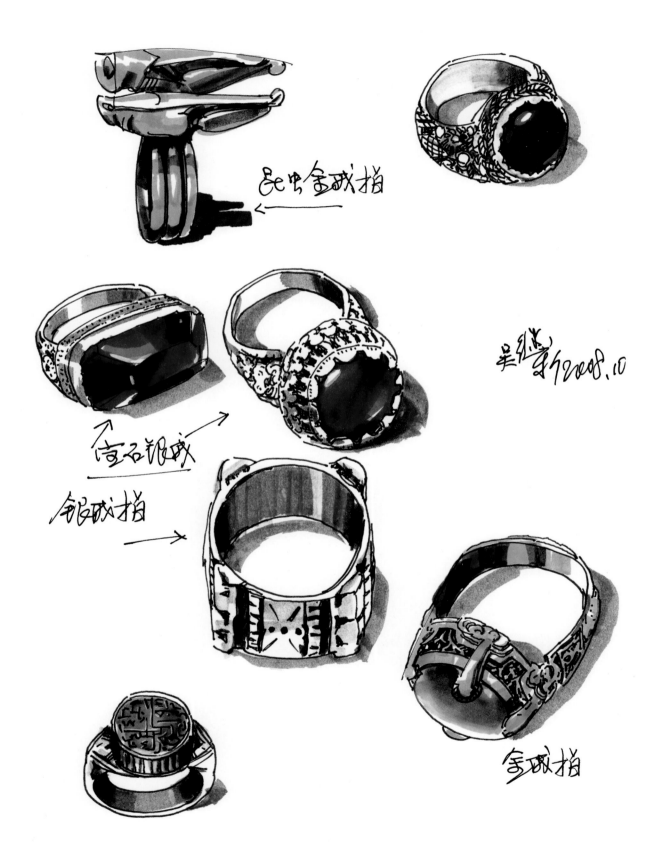

民忠金戒指

宝石银戒

银戒指

吴继华 2008.10

金戒指

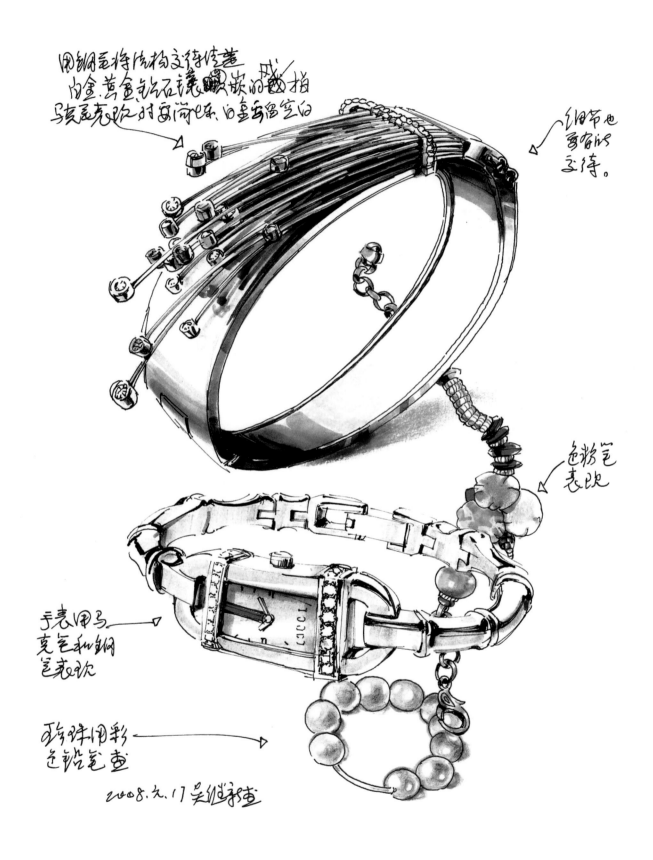

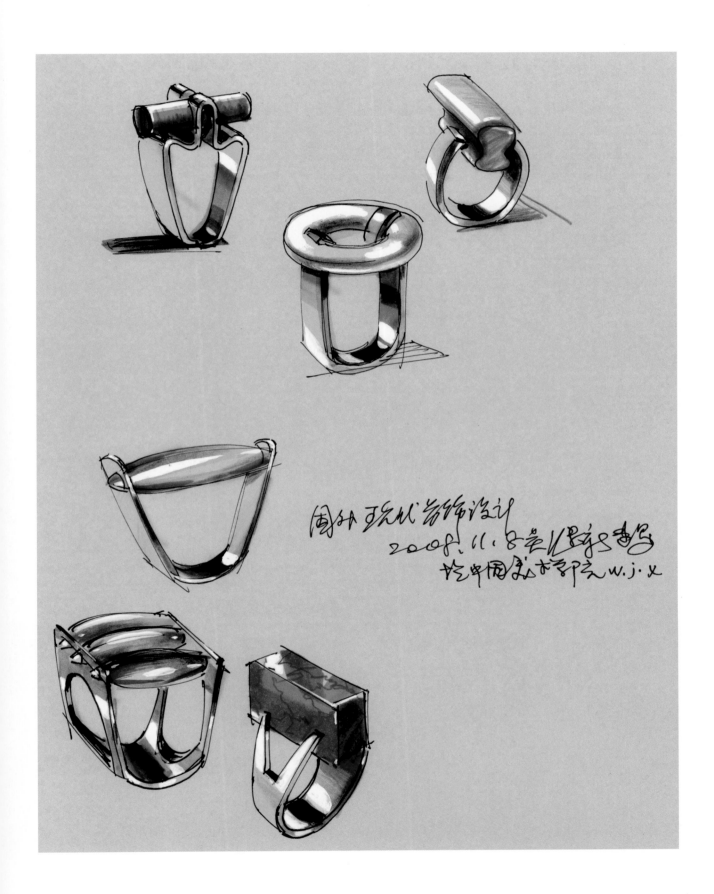

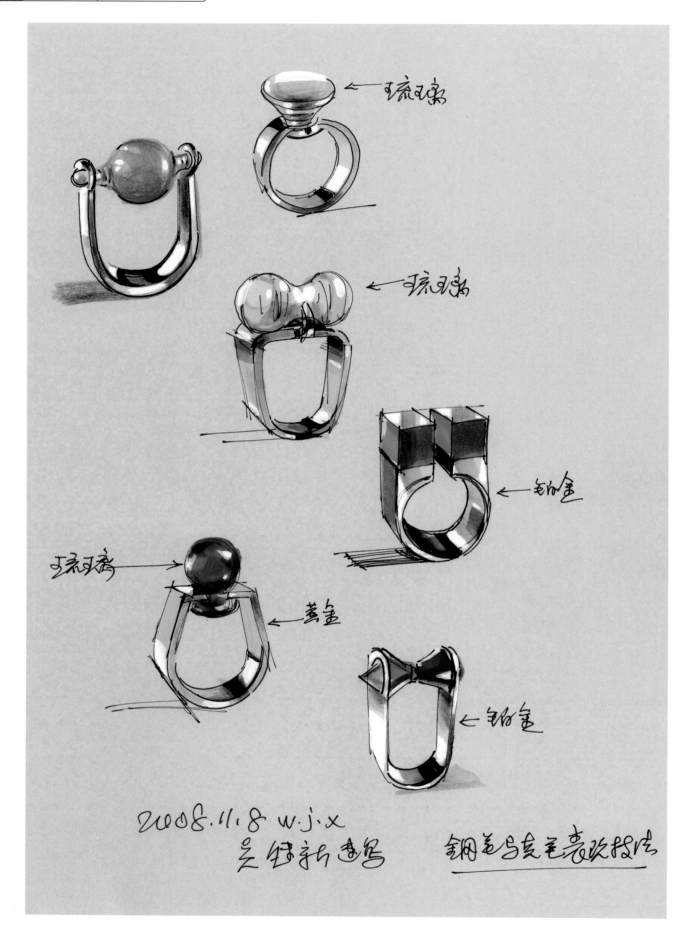

琉璃

琉璃

铂金

琉璃

黄金

铂金

2008.11.8 W.J.X

美钰新速写   钢笔与麦克袁欢技法

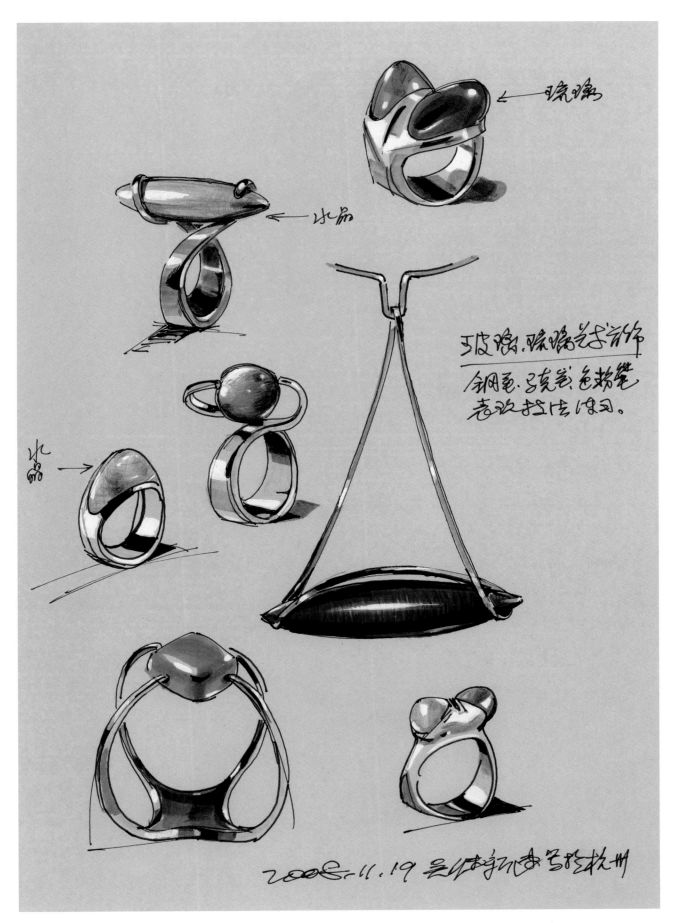

宝石上色若先画顶
端高光部位，然后画浅
色调，再后画暗色调，
就很写意地切割
的涧彩折射。

wujixin 2008.1.17

上色的先序规律可从亮色透明色
开始，逐层画到深色，尽量不要去可在
的色彩折复重叠。

黄金也是有光用度
的，上色要根据体积
感，马克笔上色的速
度快慢不同色彩
也会随之拍
深浅变化
见箭头KG
指，走这段要慢
然后快速刷出，
就出现从深到浅
的变化了。

铜笔麦克笔
2007.12.24

彩色铅笔
2007.12.24

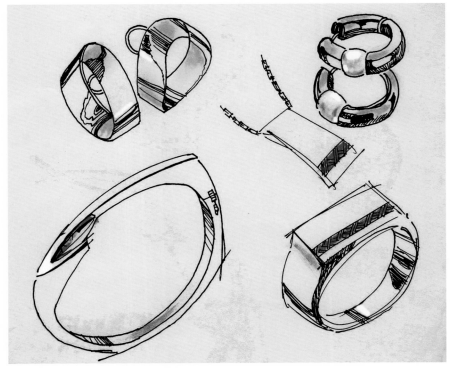

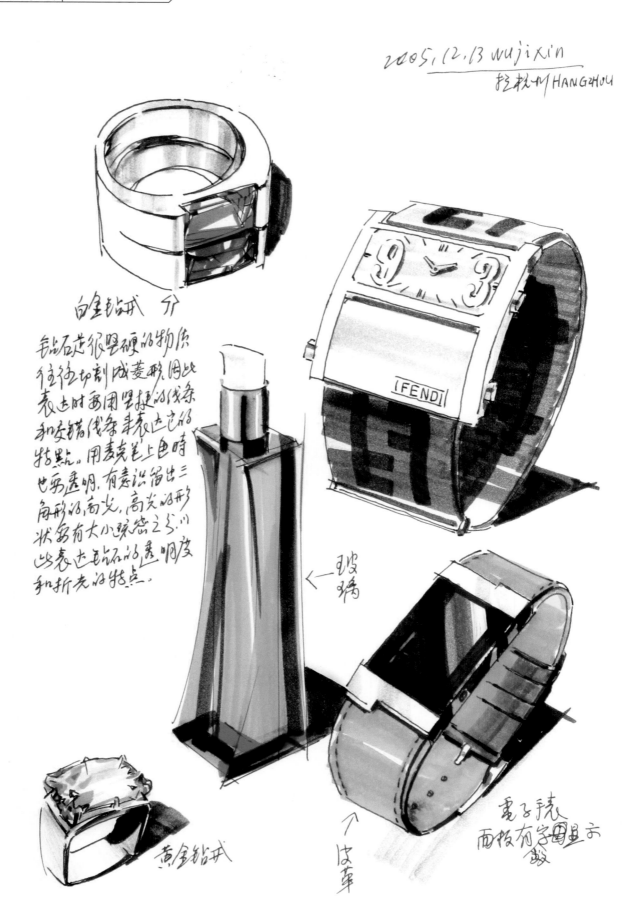

2005.12.13 wujixin
杭州 HANGZHOU

白金镶嵌 介

钻石是很坚硬的物质
于是往往切割成菱形,因此
表达时要用笔挺的线条
和交错线条来表达它的
特点。用麦克笔上色時
也要透明,有意识留出三
角形的高光,高光的形
状要有大小疏密之分,以
此表达钻石的透明度
和折光的特点。

玻璃 ←

黄金镶嵌

↑ 是革

电子表
面板有字围显示
啟

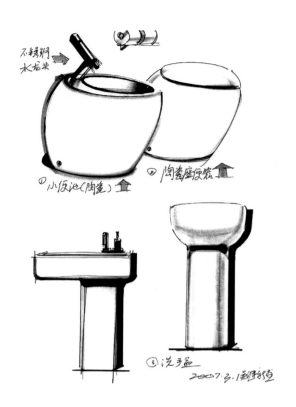

不锈钢
水龙头

① 小便池(陶瓷)

② 陶瓷底便器

③ 洗手盆

2007.3.1刘珍珍画

2004.4.2 w.i.x

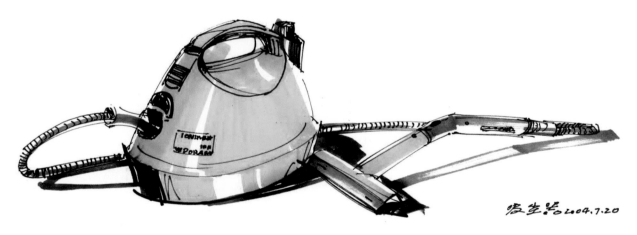

发生炉 2004.7.20

地铁 2004.7.20

wujixin

2006.8.12

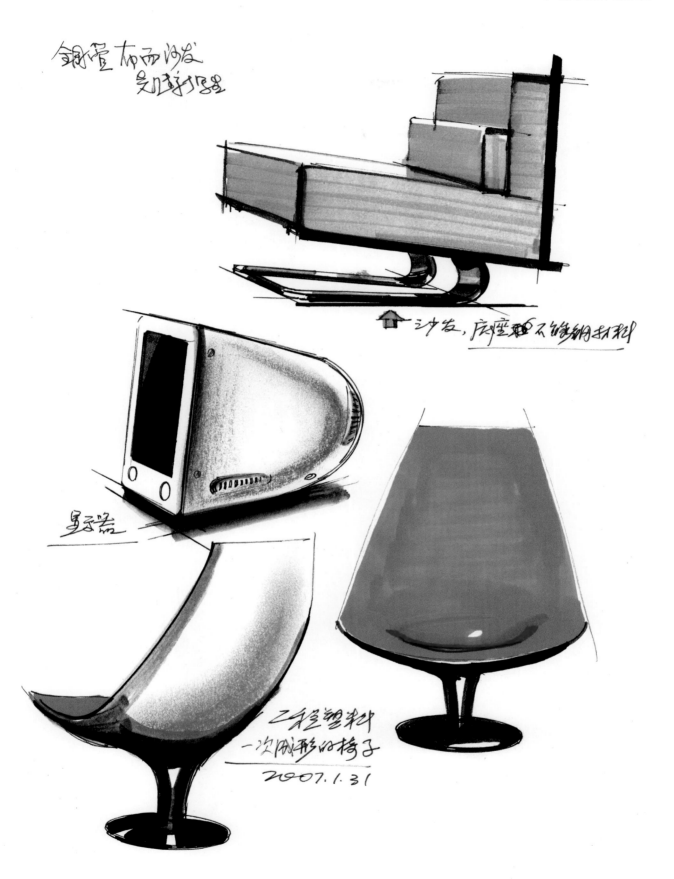

钢管布西沙发
是用弹力塑

沙发, 底座不绣钢材料

显示器

工程塑料
一次成形的椅子
2007.1.31

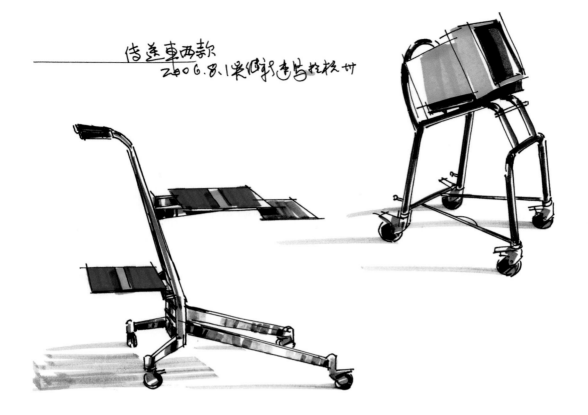

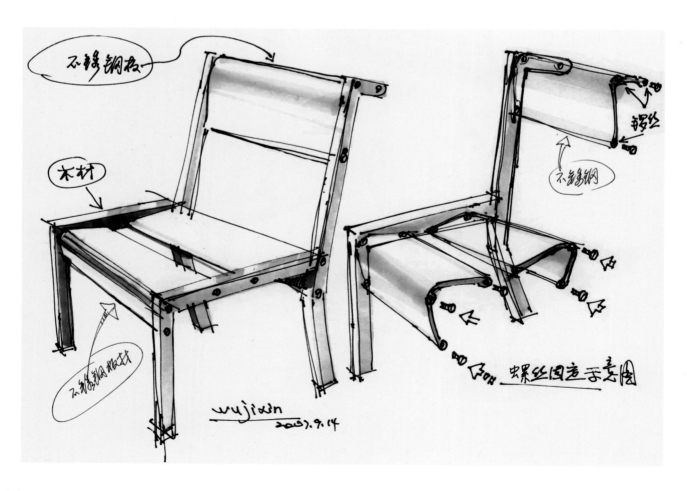

國外自行車設計
二例

(一)

(二)

7款吸尘器速写   2007.2.24 吴继新绘于扬州

WJX 2007.5.15
吴继新速写

色粉笔表现绒布材质感

① 转椅

二程 塑料成型的
转椅

用淡灰色麦克笔表达
出隐隐弧形转折体积
(建议用水色基本用完的笔表达，
就指用纸笔手擦笔擦的效果)

② 转椅

③ 转椅

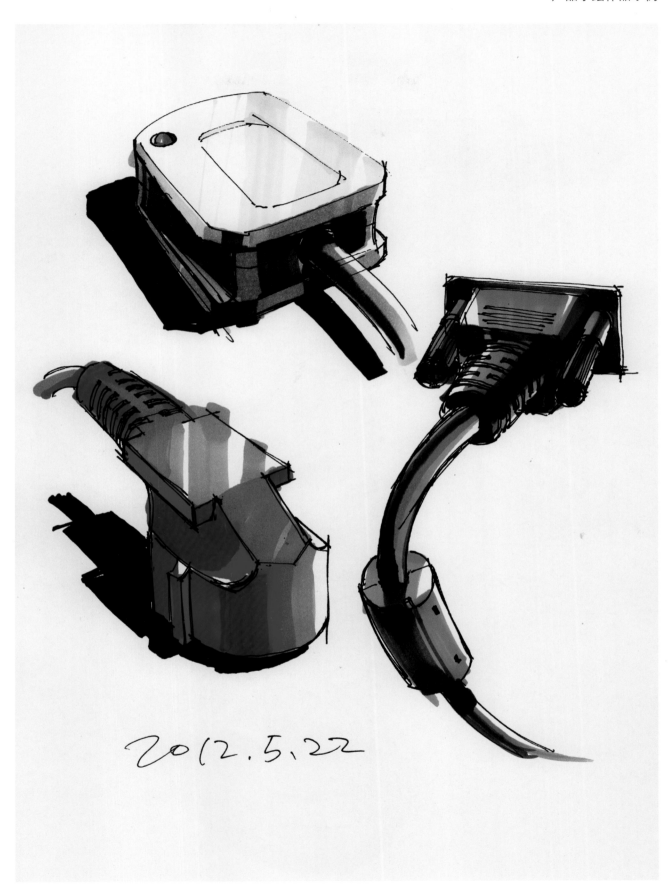

2012.5.22

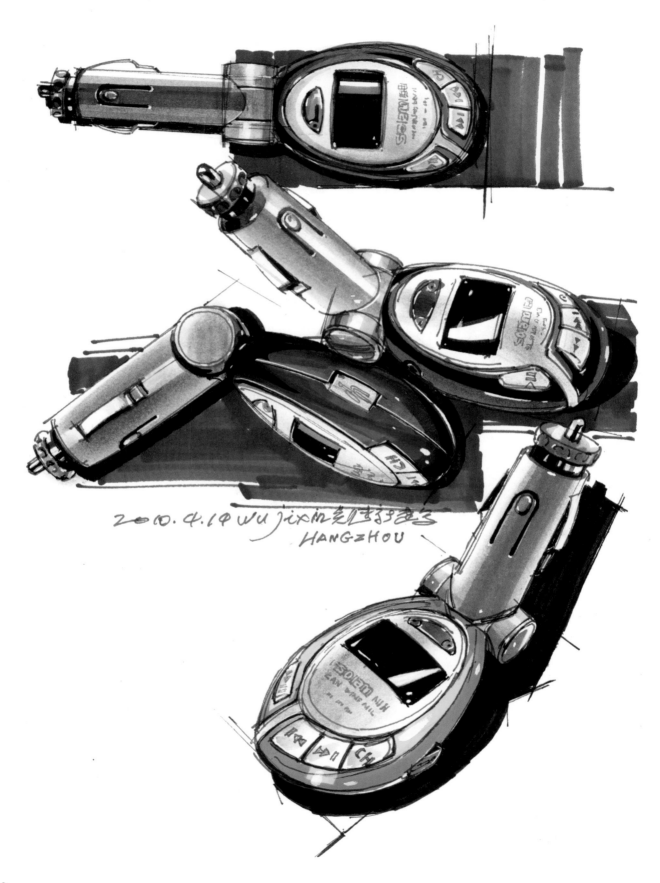

2010.4.19 WU Jixin 无锡好多多了
HANGZHOU

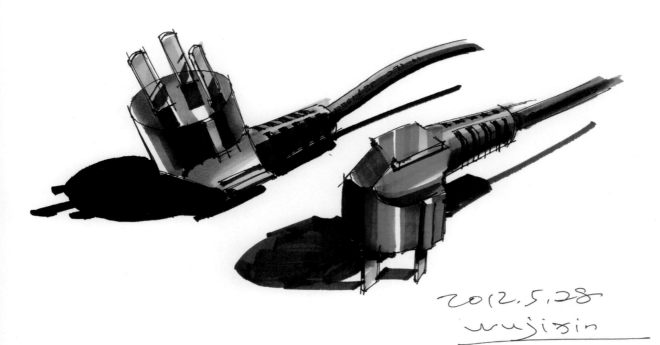

2012.5.28
wujixin

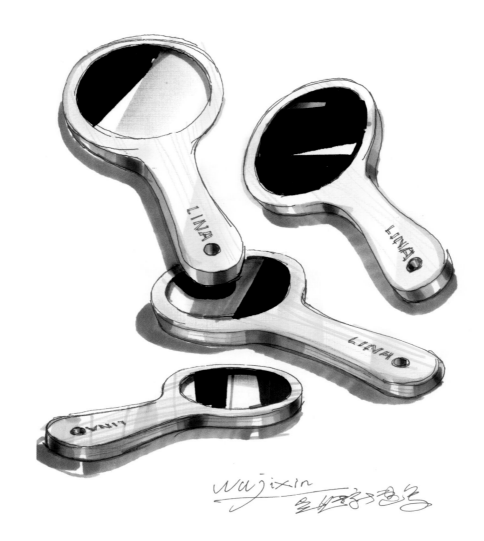

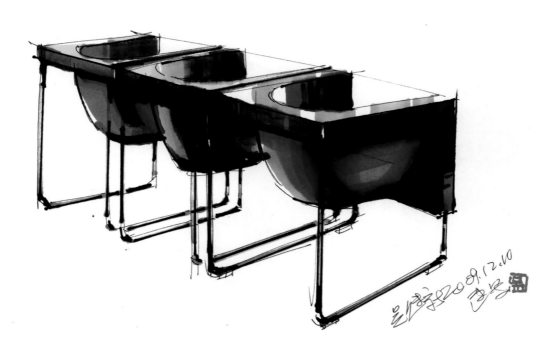

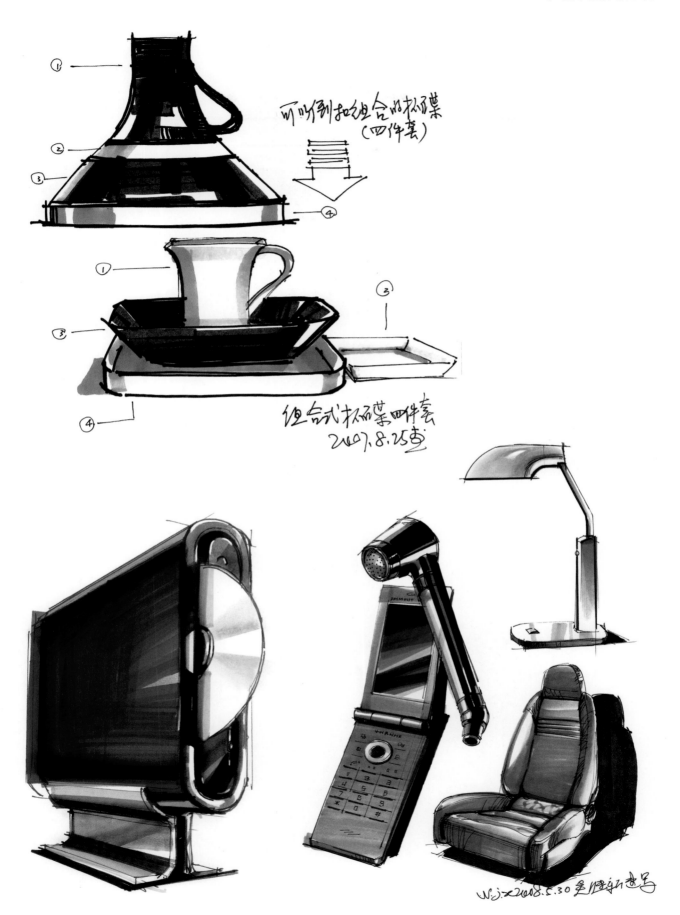

可以例扣组合的杯碟
（四件套）

组合式杯碟四件套
2007.8.25画

w.j.x2008.5.30是临刘世写

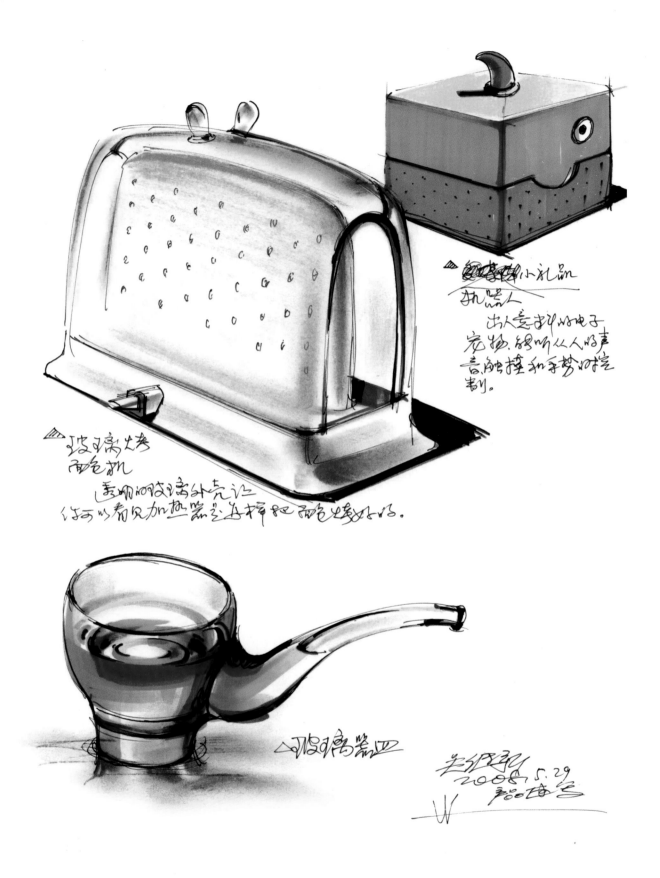

▥ 小礼物

机器人

出人意起的电子
宠物,能听从人的声
音.触摸和手势的控
制。

▥ 玻璃烤
面包机

透明的玻璃外壳让
你可以看见加热器将面包片烤的颜色是多好。

△ 玻璃器皿

朱绍政
2008.5.29

①收音机

②手扣

③电钻

Wjx
2008.6.2 写特速写

Wujixin

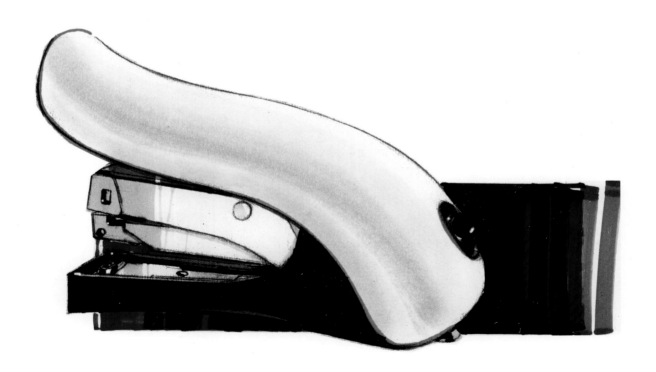

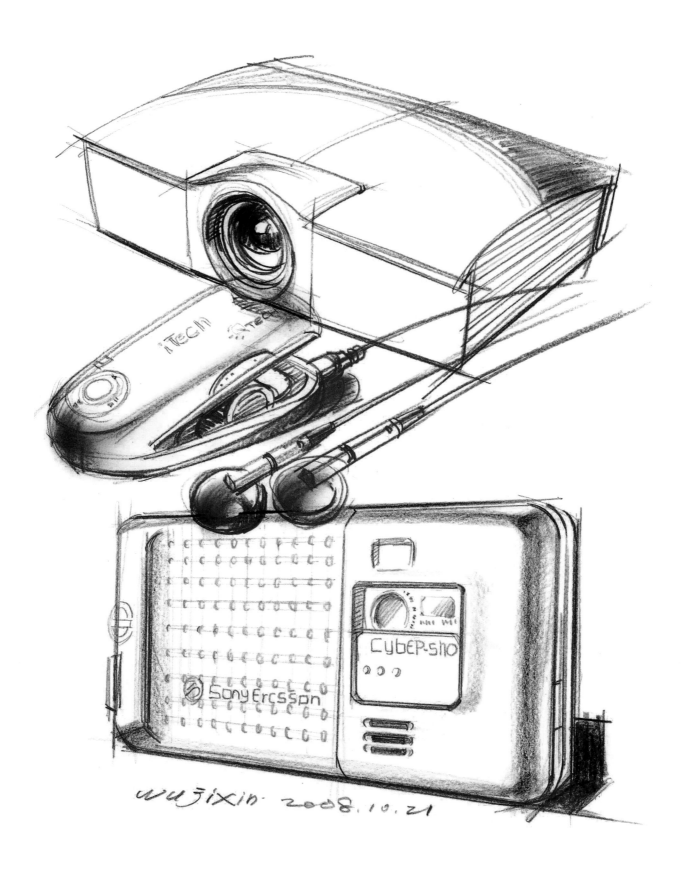

wujixin 2008.10.21

2008.10.21
W.JX

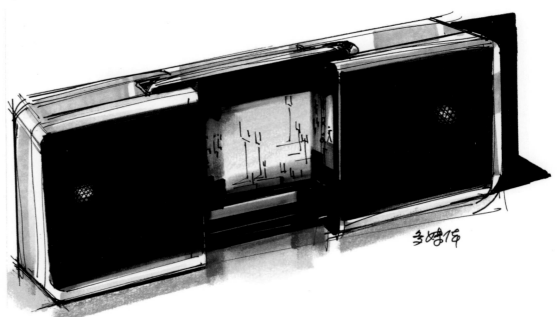

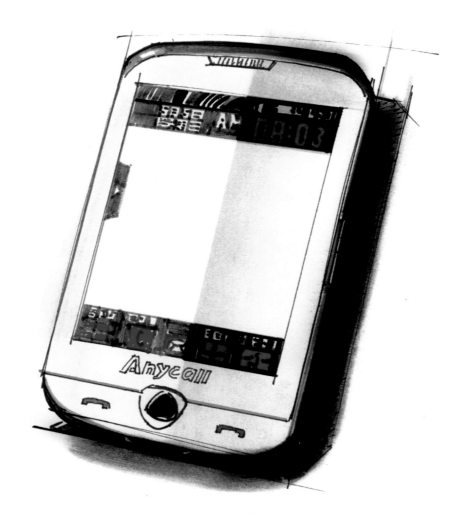

WU 2012.6.5
兰绘新车马

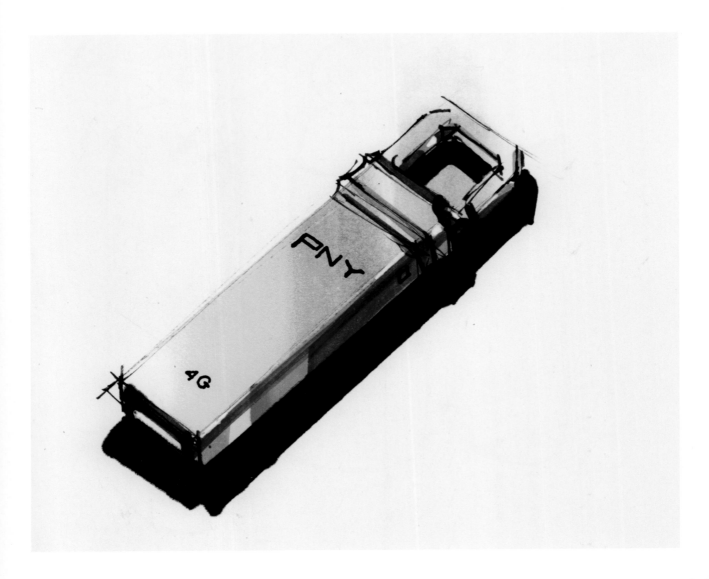